蔬菜
程式化栽培技术
（第二版）

王迪轩　曹建安　何永梅　主编

化学工业出版社

·北京·

本书对 16 种蔬菜进行了较为详细的分步程式化设计，配以大量高清彩图，按照"动作 + 动作内容"的栽培管理顺序对蔬菜栽培进行系统规范。菜农可按照蔬菜栽培所要求的整地、播种育苗、定植、施肥、浇水、用药、整枝打杈等动作，以及具体的做畦规格、育苗及苗期管理、定植时间及方法、施用肥料品种及数量、浇水时期和程度、用药名称和浓度、搭架时间和方式等进行按序、按量操作。蔬菜栽培程式化设计方便合作社负责人了解生产进度，也便于技术人员指挥蔬菜生产。

本书通俗易懂，图文并茂，适于蔬菜合作社、蔬菜公司、蔬菜协会、家庭农场等对蔬菜生产进行规范化、程式化管理，也可供广大菜农参考。

图书在版编目（CIP）数据

蔬菜程式化栽培技术 / 王迪轩，曹建安，何永梅主编 .
—2 版 . —北京：化学工业出版社，2020.3
ISBN 978-7-122-35920-9

Ⅰ . ①蔬… Ⅱ . ①王…②曹…③何… Ⅲ . ①蔬菜
园艺 Ⅳ . ① S63

中国版本图书馆 CIP 数据核字（2020）第 007699 号

责任编辑：冉海滢　刘　军　　　　　　　文字编辑：焦欣渝
责任校对：宋　夏　　　　　　　　　　　装帧设计：关　飞

出版发行：化学工业出版社（北京市东城区青年湖南街 13 号　邮政编码 100011）
印　　装：中煤（北京）印务有限公司
710mm×1000mm　1/16　印张 13¼　字数 266 千字　　2020 年 4 月北京第 2 版第 1 次印刷

购书咨询：010-64518888　　　　　　售后服务：010-64518899
网　　址：http://www.cip.com.cn
凡购买本书，如有缺损质量问题，本社销售中心负责调换。

定　　价：88.00 元　　　　　　　　　　　　　　　　版权所有　违者必究

本书编写人员名单

主　编　王迪轩　曹建安　何永梅

副主编　黄　庆　肖　鑫　杨　雄　胡世平　张建萍　张有民

编写人员（按姓名汉语拼音排序）

　　　　曹建安　曹颂斌　陈丽妮　陈益果　符满秀

　　　　郭　赛　何永梅　胡世平　黄　庆　冷德良

　　　　李慕雯　隆志方　彭特勋　谭一丁　王　灿

　　　　王迪轩　王秋方　王雅琴　肖建强　肖　鑫

　　　　杨　雄　曾娟华　张建萍　张有民　邹钦旋

前言

　　蔬菜程式化栽培是一种蔬菜栽培的新提法，也可以说是"傻瓜式"种菜，力求使种菜技术简单化、直观化。自《蔬菜程式化栽培技术》第一版出版以来，读者反响较好，策划人曹建安（湖南省蔬菜协会秘书长）认为，还需要更简洁、更直观，能用图、表等表现的尽量用图、表，让菜农一看就懂、一学就会；此外，在蔬菜用药防病虫方面，建议性地列出一些预防药剂。编者认为，这些意见非常好，对第一版进行修订很有必要。

　　本书在第一版基础上，对一些病虫害的预防提出建议，补充了大量的图、表。考虑到第一版涉及的品种过多，第二版只涉及16种蔬菜的程式化栽培，一种蔬菜大多选取一两种栽培方式为代表。此外，新增了水生蔬菜类中莲藕和食用菌类中香菇的程式化栽培。

　　本书对16种蔬菜进行较为详细的分步程式化设计，主要以图、表等辅以文字的形式，按照"动作＋动作内容"的栽培管理顺序对蔬菜生产进行系统规范。菜农可按照蔬菜栽培所要求的整地、播种育苗、定植、施肥、浇水、用药、整枝打杈等动作内容，和动作内容下面的具体做畦规格、育苗及苗期管理、定植时间及方法、施用肥料品种及数量、浇水时期和程度、用药名称和浓度、搭架时间和方式等进行按序、按量操作。蔬菜栽培程式化设计方便合作社负责人了解生产进度，也便于技术人员指挥蔬菜生产。

　　本书在编写过程中得到了湖南省创新型省份建设专项"蔬菜程式化栽培技术研究与应用"项目（项目编号：2019NK4186）[该项目也是湖南省科技计划项目（项目编号：2016NK2062）的一部分]资金的资助，益阳市乡约农牧农业科技开发有限公司在该项目实施中给予了鼎力支持与配合，益阳市赫山区科技专家服务团蔬菜生产与产业组团队成员对蔬菜程式化栽培技术进行了合理化的规范设计，在此一并致谢。

本书通俗易懂，图文并茂，适于蔬菜合作社、蔬菜公司、蔬菜协会、家庭农场等对蔬菜生产进行规范化、程式化管理，也可供广大菜农参考。

由于编者水平有限，疏漏和不当之处在所难免，恳请同行批评指正。

王迪轩

2019 年 10 月

第一版前言

"某种蔬菜种植一季要做些什么事,具体怎么做,有哪些注意事项",我们与一些蔬菜合作社(公司)负责人交谈蔬菜种植时,他们提出了这样的问题。菜农无需知道为什么这样做,只需知道要做的整土、播种育苗、定植、施肥、浇水、用药、整枝打杈等事项,和事项下面的具体作畦规格、育苗及苗期管理、定植时间及方法、肥料品种及数量、浇水时期和程度、用药名称和浓度、搭架时间和方式等,即"动作+动作内容",形同于"傻瓜式"生产。对于技术人员和合作社负责人而言,也便于指挥蔬菜生产。

这是一个很好的创意。我们称之为蔬菜程式化栽培技术。"程式",又叫法式、规格、准则,或叫特定的格式,"程式动作"原指戏剧术语,指经过艺术夸张、提炼加工而定型的规范化、格式化的表演动作。蔬菜程式化栽培,就是规范化栽培,即有一定规程的形式,它是使一个地区蔬菜生产高产、优质、高效的钥匙。本书对31种当前主流蔬菜进行了较为详细的分步设计。

按照蔬菜程式进行栽培生产,可使蔬菜具有生产效率高、产量大、品质优和操作简便等优点,通过精量播种可一次性成苗,适合工厂化和规模化蔬菜生产需要,可有效保障蔬菜的均衡供应,减少农药使用,减轻环境污染,有利于产地生态环境保护,并为消费者提供优质安全的蔬菜产品,从而产生良好的社会、经济和生态效益。

当然,农业生产上的程式化栽培有别于工业的固定程序化生产,本书所建立的蔬菜种类程式化栽培技术,主要以长江流域的栽培方式为基础。各地温、光、湿、气及土壤等条件不一,同一种蔬菜栽培方式下的播种定植时间、施肥数量、浇水时期等有时会有较大的差异,本书不可能一一列举到位。

另外,有些内容也无法太具体,大多只能掌握基本原则,比如浇水需"看天、看苗、看地"，浇水次数和数量均不能描述精确。又如施肥，原则上要结合作物的生长情况、生长时期、土壤情况、营养生长与生殖生长的平衡等确定施肥的种类。从理论上来讲，应提倡测土配方施肥，从蔬菜可持续发展的角度讲，主张多施有机肥。

再如施药，国家提倡农药零增长，在蔬菜种植方面，通过各个环节的程式化及配套到位，从而使植株健康生长，增强抵御病虫害的能力，也是实现农药零增长的一个途径。故本书在蔬菜程式化栽培设置中，除了种子消毒、土壤消毒等一些基本动作外，由于篇幅所限，未对病虫害防治进行详细的程式化设置。仅对每个蔬菜种类的主要病虫害的安全用药方式以列表的形式单独整理为一个小节，所列举的病虫害不一定都会出现，只要管理到位，就会实现蔬菜栽培的最高境界——不用农药，因此防治药剂也只是供参考。为增加可读性和实用性，本书对一些蔬菜上常见并容易识别的病害和生产上常见的虫害以彩图的形式进行了整理。

本书的出版得到了湖南省人民政府蔬菜领导小组办公室、湖南省农业委员会经作处和湖南省蔬菜协会的支持。本书参考了现行的国家指导性蔬菜生产技术规范、农业部推荐性生产技术规程以及一些地方的蔬菜生产技术规程。在此一并致谢。

由于我们水平有限，难免有疏漏和不当之处，恳请同行批评指正。

编者

2017 年 1 月

目录

六、豇豆 / 80

七、大白菜 / 94

八、小白菜 / 111

九、菜心 / 122

十、结球甘蓝 / 129

十一、花椰菜 / 142

一、辣 椒

■■ 1. 辣椒春露地栽培 ■■

【选择品种】近郊以早熟栽培为主，远郊及特产区以中晚熟栽培为主。露地栽培一般应采用地膜覆盖形式，最好选用早熟或早中熟品种（图1-1）。

【确定育苗时间】10月中下旬至翌年1月下旬，用大棚冷床（图1-2）或电热温床播种育苗。

图1-1　湘研21号辣椒

图1-2　钢架大棚低畦面冷床培育辣椒苗

【配制营养土】

（a）播种床选用烤晒过筛菜园土1/3、粉碎过筛的厩肥等腐熟农家肥1/3、炭化谷壳（或草木灰）1/3充分混匀，或菜园土与腐熟农家肥按6∶4比例混匀。

（b）分苗床选用园土2/4、粉碎过筛的厩肥等腐熟农家肥1/4、炭化谷壳（或草木灰）1/4。

（c）营养土消毒，每1000kg营养土中加入40%甲醛200~300mL，兑水25~30kg（图1-3）。或在床土中加入68%精甲霜·锰锌水分散粒剂100g和2.5%咯菌腈悬浮剂100mL。

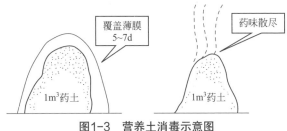

图1-3　营养土消毒示意图

注意: 在配制营养土时，严禁使用未充分腐熟的农家肥（特别是未腐熟的鸡粪）或含速效氮肥的不合格商品有机肥，以防止粪肥烧根死苗（图1-4）或造成气害死苗（图1-5）。

图1-4 鸡粪未腐熟导致分苗的辣椒苗烧根死苗 图1-5 用含速效氮肥的有机肥配制营养土
导致辣椒气害死苗

【种子处理】每亩（1亩≈667m²）大田备种75g（图1-6）。种子经浸种消毒后催芽，约70%的种子破嘴时播种（图1-7）。

图1-6 辣椒种子

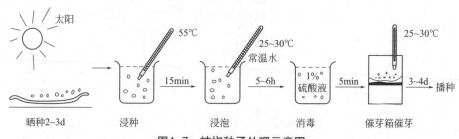

图1-7 辣椒种子处理示意图

【播种】每平方米苗床播种150～200g。先浇足底水，均匀播种，盖细土1～2cm厚，薄洒一层压籽水，塌地盖薄膜，并弓起小拱棚，闭严大棚。

【播后至分苗前管理】 播后至幼苗出土期闭棚高温高湿促出苗。出苗后适当降温，在不受冻害的前提下加强光照，控制浇水。晴朗天气多通风见光，维持床土表面呈半干半湿状态，床土过白前及时浇水。

若发现猝倒病（图1-8），应连土拔除病苗，可撒多菌灵或百菌清药土防治。

若因床土过湿、盖土过薄等原因导致"带帽苗"出现（图1-9），除降湿外，需人工摘除种子壳。

图1-8　辣椒子叶期易发猝倒病

图1-9　辣椒"带帽苗"

若床土养分不足，可于2片真叶后结合浇水喷施1～2次营养液。

若连阴雨天突然转晴时，小拱棚上要盖遮阳网，以后逐渐揭开见光，防止"闪苗"发生（图1-10）。

图1-10　久雨开晴后突然揭膜易导致辣椒苗"闪苗"

分苗前3～4d适当炼苗，通过加强通风适当降低温度。

【分苗】苗龄 1 个月左右，3～4 片真叶时，天气晴朗时及时分苗（图1-11）（同时应考虑分苗后应有几个晴天），株行距 7～8cm 见方，最好用营养钵分苗（图1-12）。分苗后速浇压根水，盖严小拱棚和大棚膜促缓苗，晴天在小拱棚上盖遮阳网。

图1-11　辣椒大棚分苗假植

图1-12　辣椒营养钵育苗或分苗假植

【分苗床管理】缓苗期，高温高湿促缓苗。旺盛生长期，适当降温促壮苗，每隔 7d 结合浇水喷一次 0.2% 的有机营养液肥。用营养钵分苗假植的，应注意维持床土表面呈半干半湿状态，防止土壤过干。要加强通风，即使是阴天或雨雪天气，也要于中午通风 1～2h，以防气害伤苗。

若发现秧苗徒长（图1-13），可喷施 50mg/kg 多效唑抑制。

定植前一周，通过降温、控水和增大通风量等炼苗以适应露地栽培气候条件。

建议有条件的大型蔬菜合作社或蔬菜公司可采用基质穴盘育苗（图1-14）。

图1-13　徒长苗

图1-14　辣椒穴盘育苗

【整地】深沟窄畦，畦面宽 1.5～2.0m。

【施基肥】结合整地进行施肥，一般每亩施充分腐熟农家肥 3000～5000kg（没有条件积制农家肥的，可用商品有机肥代替，按农家肥的 10%～15% 适量施用）、复合肥 50kg。

注意：地膜覆盖栽培基肥要在此基础上增加近一倍。

【定植时间】在长江流域，辣椒春露地栽培早熟、中熟品种以 3 月下旬至 4 月上旬定植为宜，晚熟品种可适当延迟，于晴天定植。

【定植规格】株行距，早熟品种 0.4m×0.5m，可栽双株；中熟品种 0.5m×0.6m；晚熟品种 0.5m×0.6m。

注意：地膜覆盖栽培定植时间只能比纯露地栽培早 5～7d。

采用穴盘苗定植的，必要时，可在定植前，用药剂进行蘸盘或蘸苗。如用 722g/L 霜霉威盐酸盐水剂 600 倍液 +70% 噁霉灵可湿性粉剂 600 倍液 +30% 琥胶肥酸铜可湿性粉剂 500 倍液，兑好溶液后浸泡苗盘。也可用 325g/L 苯甲·嘧菌酯悬浮剂 10mL 兑水 15kg，浸蘸 1000～1500 棵苗。

因辣椒为浅根性作物，定植不宜过深，否则易造成黄头现象（图 1-15）。

定植后定植穴要用细土封好定植孔。

图1-15　辣椒定植过深伤根型黄头　　图1-16　辣椒露地地膜覆盖栽培浇定根水

【第一次浇水】定植后及时浇定根水（图 1-16）。5～7d 缓苗后浇缓苗水，缓苗水可结合追施含海藻酸类或甲壳素类生根性肥料。

建议：从缓苗水开始，每亩用 $1×10^8$ CFU/g 枯草芽孢杆菌微囊粒剂（太抗枯芽春）500g+$3×10^8$ CFU/g 哈茨木霉菌可湿性粉剂 500g+0.5% 几丁聚糖水剂 1kg 浇灌植株，可促进生根，调理土壤，预防根腐病、枯萎病、青枯病等。后期可每月冲施 1 次。

【第一次中耕】未采用地膜覆盖栽培的，成活后及时中耕除草 2～3 次。结合浅中耕，施用淡腐熟猪粪尿水提苗（地膜覆盖栽培的不需中耕）。

建议：缓苗后，可喷施 1:1:200 波尔多液 2～3 次，每隔 7～10d 一次，有利于预防多种病害。

【蹲苗】开花坐果期不宜浇水，宜蹲苗。

注意预防病虫害，可选用广谱性药剂 70% 甲基硫菌灵可湿性粉剂 450 倍液喷雾一次。注意防治蚜虫。

【最后一次中耕】封行前大中耕一次（地膜覆盖的不进行中耕）。

【第一次追肥】自第一花现蕾至第一次采收前，视情况追肥 1～2 次。

（a）追肥量：每次每亩可视苗情追施复合肥 10～15kg 加尿素 5kg，或大量元素水溶肥 5kg 左右。

（b）追肥方法：结合浇水进行；也可在垄间挖坑埋施，施后盖土。大量元素水溶肥结合浇水进行追施。

【防落花落果】开花时，若温度过低、过高易落花落果，可用 30～40mg/kg 对氯苯氧乙酸钠（番茄灵、坐果灵、防落素）喷花保果。

注意预防病虫害，可选用 25% 嘧菌酯悬浮剂 1500 倍液喷雾一次。

【第二次浇水】坐住果后才开始浇水保湿。

注意：在长江中下游地区，一般 6 月雨水多，多注重排水。此外还应注意疫病等的预防，可选用 68% 精甲霜·锰锌水分散粒剂 600 倍液喷雾；并密切注意烟青虫、棉铃虫等的防治。

图1-17 适期采收的辣椒果实

【后期浇水】高温干旱期可进行沟灌，有条件的可采用滴灌，每次灌水相隔 10～15d，以底土不现干、土面不龟裂为准。

图1-18 中熟、晚熟辣椒生长期间要固定植株

【第二次追肥】在第一次采收前进行，量同第一次。

【进入分期分批采收】一般从 5 月上中旬即可进入采收期（图 1-17）。注意炭疽病等的预防，可选用 10% 苯醚甲环唑水分散粒剂 1500 倍液等喷雾。

【覆草保水保肥】高温干旱前，可以在畦面上覆盖稻草或秸秆等，覆盖厚度为 4～6cm，以起到保水防草作用。

【后期追肥】自第一次采收至立秋前，采收一次追肥一次，共追 4～5 次。前期宜以腐熟粪肥或平衡型大量元素水溶肥为主，少量勤施；后期以追施复合肥或高钾型大量元素水溶肥为主。盛果期可根外追施 0.5% 磷酸二氢钾和 0.3% 尿素液肥。

【固定植株】中熟、晚熟品种，生长后期应插扦固定植株（图 1-18）。

【恋秋栽培后期追肥】立秋和处暑前后各追施一次。

▪▪▪ 2. 辣椒夏秋露地栽培 ▪▪▪

夏秋辣椒生产的主要时间是在炎热多雨的"三伏天"，上市期主要是 8～10 月份，可起到"补秋淡"的作用。

【选择品种】选用耐热、抗病毒病能力强的中晚熟品种，如适作盐渍加工的博辣红帅、长辣5号、辛香8号、湘妹籽009、湘妹籽008、湘辣120等线椒品种（图1-19）。

图1-19　线椒品种

【确定播期】在长江中下游地区一般在3月下旬至4月上旬播种育苗，华南地区在3月播种育苗。

【设置苗床】苗床设在露地，采用一次播种育成苗的方法，床宽1～1.2m，每亩苗床施充分腐熟农家肥2000kg、火土灰1000kg、三元复合肥40kg、生石灰100kg，浅翻入土，倒匀，灌透水，第二天按10cm×10cm规格用刀把床土切成方块。

【播种】种子用10%磷酸三钠浸泡消毒15min，冲洗干净后点播在营养土块中间，苗期保证水分供应。

【苗期管理】前期温度低可采用小拱棚覆盖保温；温度高时可在苗床上搭设1.2m高的遮阳网；遇大雨，棚上加盖农膜防雨。

有条件的，也可采用基质穴盘育苗或漂浮育苗（图1-20）。

【施基肥】上茬作物收获后及时灭茬施肥，每亩施充分腐熟农家肥3500～4000kg（或商品有机肥400～500kg）、三元复合肥50kg、过磷酸钙50kg。有机肥施用时，一半全田撒施，一半沟施；三元复合肥、过磷酸钙全部沟施。

图1-20　辣椒漂浮育苗

【整地】耕翻整地，起高垄或做成高畦。定植前15d整地，耙平后做垄或做畦，高度20～30cm。

【定植】露地夏秋茬辣椒栽培通常在6月中下旬定植。采用大小行种植，大行距60～70cm，小行距40～50cm。穴距30～35cm，每穴1株，每亩4000穴左右。栽后浇定根水。

【浇缓苗水】缓苗前还需再浇2次水。

建议：从缓苗水开始，每亩用 $1×10^8$ CFU/g枯草芽孢杆菌微囊粒剂（太抗枯芽春）500g+$3×10^8$ CFU/g哈茨木霉菌可湿性粉剂500g+0.5%几丁聚糖水剂1kg浇灌植株，后期可每月冲施1次。

【第一次浇水追肥】缓苗后，立即进行一次浇水追肥，每亩追施腐熟人粪尿1500kg或尿素15kg，顺水冲施。

建议：缓苗后，可喷施1∶1∶200波尔多液2～3次，每隔7～10d一次，有利于预防多种病害。

图1-21 辣椒整枝

【遮阴】7～8月温度高，最好覆盖遮阳网，在田间搭建若干约1.6m高的杆，将遮阳网固定在杆上（也可定植后在畦上覆盖5～7cm厚的稻草，可降低地温、保墒、防止地面长草）。

【控水】开花结果前适当控水，做到地面有湿有干。

【整枝打杈】对于生长过旺的植株，打去主茎上的侧枝（图1-21），必要时抹去主枝上的侧芽，同时摘除老叶、病叶。

整枝打杈要适度，避免营养生长面积低影响产量，避免枝叶过少使阳光直射果实诱发果实日灼病。

【保花保果】当有30%植株开花时，用20～30mg/kg的对氯苯氧乙酸钠药液喷花或涂抹花，每3～5d处理一遍，天气冷凉后不用再用药处理。

花期喷用磷酸二氢钾500倍液，也有较好的保花保果作用。

【浇水保湿】开花结果后要适时浇水，保持地面湿润，注意水不能溢到畦面，及时排干余水。

图1-22 辣椒的分枝习性
1—门椒；2—对椒；3—四门斗椒

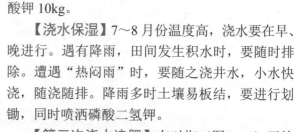

【第二次浇水追肥】门椒（图1-22）坐果后，结合浇水，每亩冲施腐熟人粪尿2000kg或尿素15～20kg、过磷酸钙20～25kg，缺钾时应施硫酸钾10kg。

【浇水保湿】7～8月份温度高，浇水要在早、晚进行。遇有降雨，田间发生积水时，要随时排除。遭遇"热闷雨"时，要随之浇井水，小水快浇，随浇随排。降雨多时土壤易板结，要进行划锄，同时喷洒磷酸二氢钾。

【第三次浇水追肥】在对椒（图1-22）开始膨大时进行，量同第二次。

【第四次浇水追肥】在四门斗椒开始膨大时进行，量同第二次。

另外，选用0.2%～0.4%磷酸二氢钾浸出液或0.2%～0.3%尿素溶液或2%过磷酸钙浸出液进行叶面追肥，可增产。

要特别注意叶面补施含钙、硼的叶面肥，防止辣椒脐腐病（图1-23）。

图1-23 辣椒脐腐病危害果实顶端

【采收】露地辣椒栽培，定植后40d左右，果实充分膨大，果实表面具有一定光泽，应及时采收上市。门椒、对椒应适时提早采收。

【撤网】9月中旬前后可撤去遮阳网。

【保鲜】凡是进行贮藏保鲜的，多采收绿果。

作为冬贮菜椒一般在霜前一次性采收，采用沙藏或窖藏等方法贮存。

3. 辣椒大棚春提早促成栽培

"塑料大棚＋地膜＋小拱棚"春提早促成栽培的辣椒（图1-24）可在春末夏初应市。盛夏后通过植株调整，还可进行恋秋栽培，使结果期延迟到8月份。

【选择品种】选用抗性好、低温结果能力强、早熟、丰产、商品性好的品种。

【播种育苗】一般10月中旬至11月上旬，利用大棚进行冷床育苗，或11月上旬至下旬用酿热温床或电热线加温苗床育苗（图1-25）。

图1-24　竹架大棚套地膜覆盖栽培
早春辣椒

若是撒播苗应在2～3叶期分苗（图1-26），营养钵苗或穴盘苗无需分苗。加强防寒保温等的管理，培育壮苗的管理方法参照辣椒春露地栽培。

【整地施肥】每亩施腐熟农家肥3000～4000kg、生物有机肥150kg、三元复合肥20～30kg。

【做畦】整成畦面宽0.75m、窄沟宽0.25m、宽沟宽0.4m、沟深0.25m的畦。

图1-25　电热线给越冬辣椒苗加温

图1-26　撒播苗应及时分苗

图1-27 辣椒早春大棚栽培

整地后可在畦面喷施芽前除草剂，如96%精异丙甲草胺乳油60mL或48%仲丁灵乳油150mL，兑水50L，喷施畦面后盖上微膜，扣上棚膜烤地。

【定植】一般在2月下旬到3月上旬，选晴天上午到下午2时定植（图1-27）。

栽后可选用20%噁霉·稻瘟灵（移栽灵）乳油2000倍液进行浇水定根，对易发病地块，可结合浇定根水，在水内加入适量的多菌灵（或甲基硫菌灵）等杀菌剂。也可浇清水定根，但切勿用敌磺钠溶液浇水定根。

定植后，及时关闭棚门保温。

【定植到缓苗前5～7d保温】闭棚闷棚，高温高湿促缓苗。

【浇缓苗水】在定植4～5d后浇一次缓苗水。

建议：从缓苗水开始，每亩用 1×10^8 CFU/g枯草芽孢杆菌微囊粒剂（太抗枯芽春）500g+ 3×10^8 CFU/g哈茨木霉菌可湿性粉剂500g+0.5%几丁聚糖水剂1kg浇灌植株，后期可每月冲施1次。

【缓苗后适当降温】辣椒生长以白天气温保持在24～27℃、地温在23℃为最佳，缓苗后通过放风调节温度，保持较低的空气湿度。

【壮苗】缓苗后，叶面可喷施3000～4000倍的植物多效生长素或2000倍的天达2116等。

【中耕、蹲苗】缓苗后开花坐果前，连续中耕2次进行蹲苗。

建议：缓苗后，可喷施1∶1∶200波尔多液2～3次，每隔7～10d一次，有利于预防多种病害。

【保花保果】开花期可喷施4000～5000倍的矮壮素；开花前后喷施30～50mg/kg增产灵或6000～8000倍的辣椒灵进行保花保果，共3次。

【门椒长到3cm长时浇水追肥】每亩可追施10～15kg复合肥和5kg尿素，以后视苗情和挂果量，酌情追肥。

【植株调整】门椒采收后，门椒以下的分枝长到4～6cm时，将分枝全部抹去。

【撤棚膜】当棚外夜间气温高于15℃时，大棚内小拱棚可撤去，外界气温高于24℃后可适时撤除大棚膜（也可不撤大棚膜，仅把裙膜拉起，留顶膜作防雨栽培，见图1-28）。

注意防止开花期温度过高引起的落果或徒长。还要注意防止营养不协调导致分枝过多引起落花（图1-29）。

图1-28 早春辣椒生长中后期开裙膜　　　　图1-29 营养不协调导致分枝过多引
　　　　留顶膜作防雨栽培　　　　　　　　　　　　起落花

【盛果期浇水追肥】7～10d 浇一次水，一次清水一次水冲肥。一般可根施
0.5%～1% 的磷酸二氢钾 1.5kg，加硫酸锌 0.5～1kg、硼砂 0.5～1.0kg。

【叶面施肥】进入结果盛期，叶面喷施磷酸二氢钾，配合使用光合促进剂、光
呼吸抑制剂、芸苔素内酯等，每 7～10d 喷施一次，共喷 5～6 次。

注意叶面喷施糖醇钙等钙肥，以防止脐腐病的发生。

雨后清沟排渍，干旱时，可行沟灌，以土面仍为白色、土中已湿润为佳，切勿
灌水过度。

▦▦ 4. 辣椒大棚秋延后栽培 ▦▦

【选择品种】选择高抗病毒病且前期耐高温、后期耐低寒的早中熟品种。

【确定播期】一般在 7 月中下旬播种。

【设置苗床】苗床消毒一般采用 60～80 倍的甲醛溶液，可每平方米用 50% 多
菌灵可湿性粉剂 8～10g 进行土壤消毒。

【消毒种子】种子要采用 30% 硫菌灵悬浮剂 500 倍液或 10% 磷酸三钠或 0.1%
的高锰酸钾浸种消毒。

【播种】捞出洗净后即可播种，不必催芽。播后盖稻草保湿，2 叶 1 心期采用
营养钵分苗一次，也可直接播在营养钵上。

【苗床管理】苗期要用遮阳网覆盖降温防雨。视幼苗情况适当喷施 0.3% 磷酸
二氢钾、0.5% 硫酸镁或 0.01%～0.02% 喷施宝等。从苗期开始就要注意防治蚜虫、
茶黄螨、病毒病等。定植前 5～7d，施一次送嫁肥，喷一次吡虫啉农药防蚜虫。

若秧苗徒长，可喷施 50mg/kg 的多效唑或 500mg/kg 的矮壮素或 5mg/kg 的缩节胺，
但要注意不可盲目加大浓度，以防药害（图 1-30）。

图1-30　多效唑浓度过大使辣椒幼苗出现药害

有条件的，可采用基质穴盘育苗或漂浮育苗。

【整地施肥】定植地块应早耕、深翻，每亩穴施或沟施腐熟有机肥 2500～4500kg，复合肥 50kg 或过磷酸钙 25kg，钾肥 15kg 或草木灰 100kg。

【定植】苗龄以 35d 左右为好。一般在 8 月 15～25 日之间定植，以 8 月 20 日前后定植完较好。株行距为 40cm×40cm。边移栽边浇定根水，并在大棚膜上加盖遮阳网。定植后 3d 内，应早晚各浇一次水。

【第一次浇水追肥】定植后 7～10d，结合浇缓苗水追施 1～2 次稀粪水或 1% 的复合肥。

建议：从缓苗水开始，每亩用 $1×10^8$ CFU/g 枯草芽孢杆菌微囊粒剂（太抗枯芽春）500g+$3×10^8$ CFU/g 哈茨木霉菌可湿性粉剂 500g+0.5% 几丁聚糖水剂 1kg 浇灌植株，后期可每月冲施 1 次。

【除腋芽】在植株坐果正常后，摘除门椒以下的腋芽，对生长势弱的植株，还应将已坐住的门椒甚至对椒摘除。

建议：缓苗后，可喷施 1∶1∶200 波尔多液 2～3 次，每隔 7～10d 一次，有利于预防多种病害。

【保花保果】可用浓度为 40～50mg/kg 的对氯苯氧乙酸钠溶液喷洒，以防止落花落果。

【第二次浇水追肥】第一批果坐稳后结合浇水，每亩追施尿素 10kg、磷酸二铵 8kg。定植后棚内土壤保持湿润，一般每隔 2～3d 灌一次小水。

【遮阴降温】10 月上旬前，棚膜一般在辣椒移栽前就盖好，但 10 月上旬前棚四周的膜基本上敞开。辣椒开花期适温白天为 23～28℃，夜间为 15～18℃，白天温度高于 30℃时，要用双层遮阳网和大棚外加盖草帘，结合灌水增湿保湿降温。

【盖棚膜】当 10 月上旬气温逐步下降时，适时撤除遮阳网等覆盖物，当白天棚内温度降到 25℃以下时，开始关闭大棚膜。

【抹除侧枝】当每株结果量达到 12～15 个果实时，将植株的生长点摘掉。

【第三次浇水追肥】结果盛期，叶面喷施 0.3% 磷酸二氢钾 1～2 次。追肥灌水时，可结合中耕除草、整枝打杈。

【保温保湿】11 月中旬以后气温急剧下降，应在大棚内及时搭好小拱棚，并覆盖薄膜保温（图 1-31）。若出现霜冻天气，晚上可在小拱棚上盖一层草帘并加盖薄膜防止冻害。

图1-31 秋延辣椒保温管理

有条件的，也可采用在大棚内再建一个中棚进行双棚保温（图1-32），或在大棚下离大棚顶膜下约30cm左右再搭建一层吊膜保温防寒（图1-33）。

图1-32 秋延辣椒大棚套中棚保温

图1-33 大棚内吊二道膜保温防寒

寒冷天气大棚要短时间勤通风降湿。

【拉绳防倒】在畦的四周拉绳，可避免辣椒倒伏到沟内。

【增光】12月份以后，要尽量采用多种措施增强光照，如擦拭棚膜、灯光补光等。尽可能少浇或不浇水。植株生长缓慢，需肥少，可以停止追肥。

5.辣椒主要病虫害防治安全用药

防治对象	药剂名称	剂型	施用方式	稀释倍数或用药量	安全间隔期/d
猝倒病、立枯病（图1-34）	噁霉灵	15%水剂	拌土	1.5～1.8g/m²	7
	甲基立枯磷	20%乳油	喷雾	1200倍	10
疫病（图1-35）	双炔酰菌胺	25%悬浮剂	喷雾	800倍	3
	霜脲·锰锌	72%可湿性粉剂	喷雾	800倍	7
	氟菌·霜霉威	68.75%水剂	喷雾	800倍	3

防治对象	药剂名称	剂型	施用方式	稀释倍数或用药量	安全间隔期/d
灰霉病（图1-36）	嘧菌环胺	40%水分散粒剂	喷雾	1200倍	7
	嘧霉胺	40%悬浮剂	喷雾	1200倍	3
白粉病（图1-37）	苯醚甲环唑	10%水分散粒剂	喷雾	2500～3000倍	7～10
	戊唑醇	43%悬浮剂	喷雾	3000倍	14
早疫病（图1-38）	霜霉威盐酸盐	72.2%水剂	喷雾	80～100mL/亩	10
	烯酰吗啉	50%可湿性粉剂	喷雾	40～60g/亩	11
菌核病（图1-39）	菌核净	40%可湿性粉剂	喷雾	1000～1500倍	7
	嘧菌环胺	40%水分散粒剂	喷雾	1200倍	7
根腐病、枯萎病（图1-40）	甲基硫菌灵	50%可湿性粉剂	喷淋或灌根	500倍	7
	二氯异氰尿酸	20%悬浮剂	喷淋或灌根	300～400倍	3
炭疽病（图1-41）	苯醚甲环唑	10%水分散粒剂	喷雾	800～1000倍	7～10
	吡唑醚菌酯	25%乳油	喷雾	1500倍	7～14
病毒病（图1-42）	氨基寡糖素	2%水剂	喷雾	300～450倍	3～7
	菌毒清	5%水剂	喷雾	250～300倍	7
青枯病（图1-43）	氢氧化铜	46%水分散粒剂	灌根	1000～1250倍	3～5
	碱式硫酸铜	27.12%悬浮剂	喷淋	800倍	20
疮痂病（图1-44）	中生菌素	3%可湿性粉剂	喷雾	600倍	3
	氢氧化铜	77%可湿性粉剂	喷雾	500倍	3
软腐病（图1-45）	敌磺钠	50%原粉	喷雾	500～1000倍	10
	波·锰锌	78%可湿性粉剂	喷雾	500倍	7
白绢病（图1-46）	甲基立枯磷	20%乳油	喷雾或灌根	1000倍	10
	代森锰锌	70%可湿性粉剂	喷雾或灌根	600倍	15
根结线虫病（图1-47）	棉隆	98%颗粒剂	土壤处理	30～40g/m²	
	威百亩	35%水剂	沟施或穴施	4～6kg/亩	
蚜虫、白粉虱（图1-48）	吡虫啉	10%可湿性粉剂	喷雾	2000倍	1
	啶虫脒	5%乳油	喷雾	25～30g/亩	9
棉铃虫、烟青虫（图1-49、图1-50）	甲氧虫酰肼	24%悬浮剂	喷雾	20～30mL/亩	7
	多杀霉素	2.5%悬浮剂	喷雾	50mL/亩	8
	阿维菌素	1.8%乳油	喷雾	1000倍液	7
螨类（图1-51）	炔螨特	73%乳油	喷雾	2000倍	7
	哒螨灵	15%乳油	喷雾	15～20mL/亩	14

图1-34　辣椒立枯病

图1-35　辣椒疫病病茎

图1-36　辣椒灰霉病危害果实和枝梗状

图1-37　辣椒白粉病病叶

图1-38　辣椒早疫病

图1-39　辣椒菌核病

图1-40　辣椒枯萎病茎基部

图1-41　辣椒炭疽病病果惨状

图1-42　辣椒花叶病毒病

图1-43　辣椒青枯病茎维管束变褐

图1-44　辣椒疮痂病病果

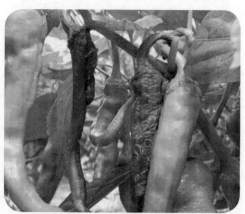

图1-45　辣椒软腐病

图1-46　辣椒白绢病病茎基部生白色菌丝

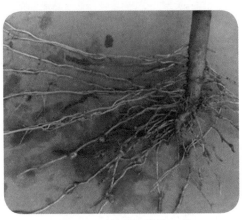

图1-47　辣椒根结线虫病

图1-48　白粉虱成虫危害辣椒叶片

图1-49　棉铃虫危害辣椒果实

图1-50　烟青虫幼虫危害青椒

图1-51　茶黄螨危害辣椒叶片

二、茄子

■ 1.茄子大棚春提早促成栽培 ■

图2-1　茄子大棚春提早栽培

茄子大棚春提早栽培（图2-1）利用大棚内套小拱棚加地膜设施，达到提早定植、提早上市的目的。在长江流域，一般10月上中旬播种，翌年2月上中旬定植于大棚，4月中旬至7月采收。

【选择品种】选择抗性好的极早熟或早熟品种，如湘茄1号、湘茄2号、黑冠长茄等。

【制作营养土】营养土配方：近三年未种植过茄果类蔬菜的新鲜菜园土、充分腐熟过筛的农家肥、炭化谷壳（或草木灰）各1/3，拌和均匀；或菜园土与腐熟农家肥按6∶4混匀。

营养土消毒，每1m² 苗床用甲醛30～50mL，加水3L，喷洒营养土，用塑料薄膜覆盖3d，然后敞开透气一周，等气味散尽后播种。或按1000kg营养土加68%精甲霜•锰锌水分散粒剂200g和2.5%咯菌腈悬浮剂100mL拌匀后过筛混匀。

【浸种】种子可采用温汤浸种或药剂浸种后催芽。

药剂浸种，如预防茄子褐纹病（图2-2），可用甲醛的100倍溶液浸20min或1%高锰酸钾溶液浸30min。预防茄子黄萎病和枯萎病（图2-3），可用50%多菌灵可

图2-2　茄子褐纹病病叶

图2-3　茄子枯萎病病株

湿性粉剂 500 倍液浸种 6h。药剂浸种最后均要用清水冲洗干净后再进行催芽。

【催芽】可在 25～30℃温度条件下，置催芽箱中催芽，每隔 8～12h 清水洗净种子，洗去种皮上的黏液，控干再催，80% 左右种子露白即可播种。

【播种】用塑料大棚冷床（图 2-4）或电热线加温育苗，播种期为 10 月上中旬至 11 月上旬。每 1m² 苗床可播种 20～25g。用消毒过的营养土进行垫籽

图2-4　茄子塑料大棚冷床育苗出苗期

和盖籽，然后塌地盖上地膜（图 2-5），封大棚门，高温高湿促出苗。70% 出土时地膜起拱。

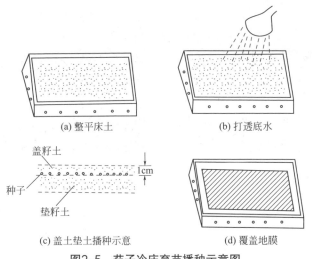

(a) 整平床土

(b) 打透底水

盖籽土

种子

垫籽土

1cm

(c) 盖土垫土播种示意

(d) 覆盖地膜

图2-5　茄子冷床育苗播种示意图

【播种床管理】出苗后适当通风、降温、控湿。发现猝倒病（图 2-6）病株，应立即连土拔除，并在病穴撒多菌灵或百菌清原粉控制病原菌传播，其他秧苗可选用 25% 多菌灵可湿性粉剂或 75% 百菌清可湿性粉剂 600 倍液喷雾预防。尽量控制床温在 16～23℃之间，遇晴天应尽可能多通风见光，床土在未露白前选晴天上午及时浇水，保持床土半干半湿。若幼苗出现发黄等缺肥症状，可结合喷水追 0.1% 的复合肥或大量元素水溶肥 1～2 次。分苗前应适当炼苗。

图2-6　茄子猝倒病

【分苗】播种后一个月，选择后续有三四个晴天的上午分苗假植，有条件的最好用10cm×10cm的营养钵分苗（图2-7），或在播种时用营养钵播种，一次成苗。分苗后速浇定根水。

【分苗床管理】分苗后密闭大棚，高温高湿促缓苗。缓苗后适当降温，晴天尽可能多通风见光，如遇长期阴雨天应采用日光灯等人工补光，一般床土面不太干不浇水。若秧苗缺肥，可结合浇水喷0.2%的复合肥或大量元素水溶肥2～3次。为防止床土板结，要适时松土。

【炼苗】定植前一周，对秧苗采取降温、控水、通风等炼苗措施。

有条件的可采用基质穴盘育苗（图2-8）或漂浮育苗。

移栽前2～3d，用25%噻虫嗪水分散粒剂1500～2500倍液喷淋幼苗防治蚜虫、白粉虱等。

图2-7 茄子苗用营养钵分苗

图2-8 茄子穴盘育苗

【施基肥】结合整地，每亩施生石灰100kg、充分腐熟农家肥5000kg（或商品有机肥500kg）、多效复合肥50～80kg、充分腐熟发酵的饼肥50～60kg，2/3翻土时铺施，1/3在做畦后施入定植沟中。

【做畦】定植前10d左右做畦，每个6m宽标准大棚做四畦，宜做高畦，畦面要呈龟背形。

【定植】于翌年2月上中旬，选择栽后有三四个晴天的上午进行定植。每畦栽两行，株行距（30～33）cm×70cm，每亩栽3000株左右（图2-9）。

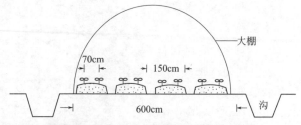

图2-9 早春茄子大棚做畦及定植示意图

定植前2～3d，用50%多菌灵可湿性粉剂800倍液对苗圃全面喷洒一次，带药取苗。定植深度以与秧苗的子叶下平齐为宜。地膜覆盖栽培，破孔应尽可能小，定苗后要将孔封严（图2-10），及时浇定根水，定根水中可掺少量稀薄粪水或海藻酸液肥等以促进生根。

图2-10　茄子定植后用细土封穴后稍压紧

【保温】定植后一周闭棚，高温高湿促缓苗。

【通风降温】缓苗后，适当通风降温，棚内最高气温不要超过28～30℃，地温以15～20℃为宜。

【第一次浇水追肥】定植缓苗后，应结合浇缓苗水施一次稀薄的粪肥或复合肥，最好用含腐植酸大量元素水溶肥结合浇水进行追肥，起到壮根作用。

建议：从缓苗水开始，每亩用$1×10^8$ CFU/g枯草芽孢杆菌微囊粒剂（太抗枯芽春）500g+$3×10^8$ CFU/g哈茨木霉菌可湿性粉剂500g+0.5%几丁聚糖水剂1kg浇灌植株，可促进生根，调理土壤，预防根腐病、枯萎病、青枯病等。后期可每月冲施1次。

叶面喷施75%百菌清可湿性粉剂450倍液一次。

【保温防寒】生长前期，若遇低温寒潮天气，应及时采用覆盖草帘或大棚内套小拱棚等多层覆盖措施保温。

建议：缓苗后，可喷施1∶1∶200波尔多液2～3次，每隔7～10d一次，有利于预防多种病害。

【保花保果】当遇温度低、光照弱、营养不良等不良环境影响花器时，为防止落花落果，可用0.4%丰-绿核金（糖氨基嘌呤）水剂或帆喜丰产素（核苷酸钾）水剂1000倍液，分别在苗期、花期、门茄坐果期各喷施一次。也可以用2,4-滴20～30mg/kg或对氯苯氧乙酸钠25～40mg/kg喷雾。

建议：花前用400g/L嘧霉胺悬浮剂1200倍液或2.5%咯菌腈悬浮剂1500倍液喷雾一次。

【第二次浇水追肥】进入结果期后，在门茄（图2-11）开始膨大时，每亩追施复合肥10～15kg或稀薄粪肥1500～2000kg。

【摘枝】摘枝在门茄、对茄、四母

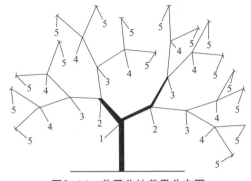

图2-11　茄子分枝着果分布图

1—门茄；2—对茄；3—四母茄；4—八面风茄；
5—满天星茄

图2-12 给茄子整枝打杈、打老叶

茄等开花坐果后进行，分别将其下部的腋芽摘除，四母茄以上除了及时摘除腋芽，还要及时打顶摘心。

【整枝】整枝方法有多种（图2-12、图2-13），一般采用双干整枝（或改良双干整枝）（图2-14、图2-15）。

整枝时，可摘除一部分下部叶片。摘枝和整枝可同时进行。

【中耕培土】5月下旬至6月上旬，应进行中耕培土，采用地膜覆盖的，可揭除地膜进行。

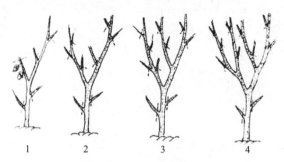
图2-13 茄子的整枝方式
1—单干整枝；2—双干整枝；3—三干整枝；4—四干整枝

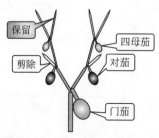
图2-14 茄子双干整枝示意图

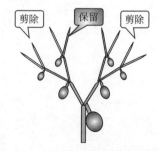
图2-15 茄子改良双干整枝示意图

建议：用25%嘧菌酯悬浮剂1500倍液喷雾一次，15~20d后再喷一次，连喷2次。

【通风降温】进入采收期后，随着温度的逐渐升高，要逐渐加大通风量。当夜间最低气温高于15℃时，应采取夜间大通风。

【摘叶】生长中后期，可通过摘除一部分衰老的枯黄叶或光合作用很弱的叶以改善通风透光条件。当对茄直径长到3~4cm时，摘除门茄下部的老叶；当四母茄直径长到3~4cm时，摘除对茄下部的老叶，以后一般不再摘叶。

建议：用68%精甲霜·锰锌水分散粒剂500倍液喷雾一次。

【撤棚膜】进入 6 月份，为避免 35℃ 以上高气温危害，可撤除棚膜转入露地栽培，但生产上一般只卷起裙膜，留顶膜作避雨栽培。

建议：用 10% 苯醚甲环唑悬浮剂 1500 倍液喷雾一次。

【第三次浇水追肥】结果盛期，应每隔 10d 左右追肥一次，追肥最好选用全营养型大量元素水溶肥与高钾型水溶肥交替进行，并可叶面喷施 0.2% 磷酸二氢钾和 0.1% 尿素的混合液。

在水分管理上，要保持土壤湿润而又不过多，以免沤根，每层果的第一次浇水最好与追肥结合进行。在长江中下游地区，由于春季雨水较多，更多的是注重排水防涝。

建议：用 75% 百菌清可湿性粉剂 450 倍液喷雾，7～10d 一次，直到收获。

【采收】通常在定植后 40～45d 开始，果实具有商品性时，及时分期分批采收（图 2-16）。

图2-16　适时采收的茄子果实

2. 早春促成栽培茄子越夏再生栽培

用于越夏栽培的茄子，选用适宜的早熟、中熟、晚熟品种配套，利用大棚早熟栽培后的植株，在夏季通过肥水管理，整枝换头（图 2-17），在大棚上盖遮阳网遮阴降温，在秋末通过防风避霜，茄子可一茬到底，连续不断地开花结果，即从 4 月底 5 月初一直供应到初霜前后。在管理上，前期要搞好大棚早熟茄子栽培的播种育苗、定植和病虫防治，除按照早春大棚栽培要求搞好管理外，还应注意以下事项，特别要加强入夏后的田间管理。

【栽培密度】凡进行越夏栽培的，早春栽培时应适当稀栽，一般畦宽 1.0～1.2m，行距 0.6～0.7m，株距 0.5～0.6m，采用梅花眼定植，每亩栽植 1700～2000 株为宜。

前期春季盖大棚膜。为了提高早期产量和产值，在每行的两株中熟或晚熟品种之间再定植一株早熟品种，最好在采收对茄后将早熟植株拔掉。

【掀膜】由于越夏栽培时早熟品种与中晚熟品种间作，一般在采收对茄后将早熟品种植株拔除，掀掉棚膜。

图2-17　茄子再生栽培

【整枝】对于准备越夏的中晚熟品种要覆盖遮阳网，并采用双干整枝法，将根茄（即门茄）以下的侧枝全部摘除，并将基部老叶分次摘除。植株生长旺盛的可适当多摘，天气干旱，茎叶生长不旺时要少摘。

建议：整枝后，可喷施 1∶1∶200 波尔多液 2～3 次，每隔 7～10d 一次，有利于预防多种病害。

【打叶摘心】在植株生长中后期把病叶、老叶、黄叶摘除，适当修剪部分过密而瘦弱的枝条。

最后一层果开花坐果后及时对所有侧枝进行摘心。

【遮阴】一般在 5 月下旬 6 月初撤膜以后即在大棚顶盖银灰色遮阳网，东西两边挂遮阳网，晴挂阴撤，昼挂夜撤，上午挂东边，下午挂西边。

图2-18　茄子再生栽培换头示意

【植株换头】

（a）换头时期　进入盛夏季节，气温高，干燥少雨，要配合覆盖遮阳网遮阴降温。同时进行植株换头，一般在 7 月上中旬进行。

（b）换头方法　于四母茄收获后将前期双干整枝后的植株的一杈在对茄着生上部 15～20cm 处截断（图2-18），选留靠近对茄附近的粗壮侧枝 1～2 个，其余摘除，20d 后再将另一杈同样进行换头。也可将双杈同时换头。

注意：再生侧枝选留的方向不要重叠，剪下的枝叶要清理出棚。

（c）伤口处理　用 75% 的百菌清可湿性粉剂 30g，加水 25～30mL，调成糊状，涂到剪口处，防止感染。

（d）换头后管理　剪枝结束后，要浇灌一次大肥大水，每亩追施人畜粪 2000kg、尿素 15kg、钾肥 15kg，或复合肥 50～60kg、饼肥 150kg，然后浇一次小水，8～10d 后就可定枝，每株按不同方向选留 5～6 个侧枝，其余侧枝打掉。

【保花保果】在开花时，用 15～20mg/kg 的 2,4- 滴或 30～40mg/kg 的对氯苯氧乙酸钠处理花蕾，可保花保果。

【第一次浇水追肥】50% 的植株见果后要给足肥水，每亩追施腐熟稀粪 1000kg，以后每隔 8～10d 浇一次水。

【第二次浇水追肥】茄子第一次采收后，每亩再追施磷酸二铵 15kg，并始终保持茄地土壤湿润。

8 月底至 9 月初，外界气温逐渐降低，浇水的次数和数量要减少。

【盖膜保温】在后期白天温度低于 30℃时撤掉遮阳网，夜温低于 15℃时要覆盖大棚膜，大棚内气温持续低于 5℃时，将果实全部采收上市或保温贮藏。

3.茄子露地及地膜覆盖栽培

【选择品种】露地及地膜覆盖栽培的茄子（图2-19），其品种应根据当地的消费习惯选用，早熟、中熟、晚熟品种均可。

【选择播期】

（a）露地早春栽培 于10月下旬至11月上旬大棚越冬育床育苗或翌年元月上中旬电热温床育苗，4月上中旬定植。

（b）地膜覆盖栽培 播期同露地栽培，也可提早10d左右。

【苗床制作、浸种催芽及苗床管理】可参考茄子大棚春提早促成栽培技术。

【整地】深耕晒垡。

图2-19　茄子地膜覆盖栽培

【施基肥】每亩用腐熟农家肥3000～5000kg（或商品有机肥300～500kg）、磷肥50kg和钾肥30kg。2/3铺施，1/3沟施。地膜覆盖栽培要一次性施足基肥，可较露地增加一倍左右。

【做畦】深沟高畦窄畦，畦宽1.3～2.0m，沟深20～30cm。

【定植】

（a）定植时期 露地栽培在当地终霜期后，日平均气温15℃左右定植，在湖南，一般于3月中下旬至4月上旬。地膜覆盖栽培定植期可较露地提前7d左右。趁晴天定植。

（b）定植规格 早熟品种每亩约栽植2200～2500株，中熟品种约2000株，晚熟品种约1500株。株距33cm左右，行株60cm左右。

（c）定植方法 多采用先开穴后定植，然后浇水的方法。地膜覆盖定植可采用小高畦地膜覆盖栽培，先盖膜，后定植，畦高20～30cm不等（图2-20）。有条件的，还可在地膜下铺设滴灌带（图2-21），全程采用水肥一体化栽培方式。

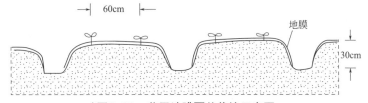

图2-20　茄子地膜覆盖栽培示意图

【第一次中耕追肥】定植后4～5d，结合浅中耕，于晴天土干时用浓度为20%～30%的人畜粪点蔸或以化肥提苗。阴雨天可每亩追施尿素10～15kg，或用浓

图2-21　露地茄子滴灌栽培

度为40%～50%的人畜粪点蔸，或选用含腐植酸或海藻酸或氨基酸类大量元素水溶肥，3～5d一次，一直施到茄子开花前。

【建议】：从缓苗水开始，每亩用$1×10^8$ CFU/g枯草芽孢杆菌微囊粒剂（太抗枯芽春）500g+$3×10^8$ CFU/g哈茨木霉菌可湿性粉剂500g+0.5%几丁聚糖水剂1kg浇灌植株，后期可每月冲施1次。

叶面用75%百菌清可湿性粉剂450倍液喷雾一次，10d后再喷一次。

【中耕培土】定植后结合除草中耕3～4次（采用地膜覆盖栽培的无需进行）。封行前进行一次大中耕，如底肥不足，可补施腐熟饼肥或复合肥（埋入土中），并进行培土。

【建议】：缓苗后，可喷施1：1：200波尔多液2～3次，每隔7～10d一次，有利于预防多种病害。

【插架】中晚熟品种，应插短支架防倒伏（图2-22）。

图2-22　茄子插杆绑蔓效果图

【第二次浇水追肥】开花后至坐果前适当控制肥水。生长较差的可在晴天用浓度为10%～20%的人畜粪（或水溶肥）浇泼一次。

【建议】：用25%嘧菌酯悬浮剂1500倍液喷雾一次。

【保花保果】含苞待放的花蕾期或花朵刚开放时，用浓度为40～50mg/kg的对氯苯氧乙酸钠直接向花上喷洒，可防止茄子落花。

【建议】：花前用68%精甲霜·锰锌水分散粒剂600倍液喷雾一次。

【坐果后浇水】生长前期需水较少，土壤较干可结合追肥浇水。第一朵花开放时要控制水分，果实坐住后要及时浇水。

注意: 露地茄子进入结果期要特别注意肥水均衡，否则易造成裂果（图2-23），影响商品性。

【整枝】 一般早熟品种多用三干整枝，中晚熟品种多用双干整枝。

【摘叶】 植株封行以后分次摘除基部病叶、老叶、黄叶。植株生长旺盛可适当多摘，反之少摘。整枝摘叶可同时进行。

建议: 用25%嘧菌酯悬浮剂1500倍液喷雾一次，15d后再喷一次。

【第三次浇水追肥】 根茄坐住时至第三层果实采收前应及时供给肥水。晴天每隔2～3d可施一次浓度为30%～40%的人畜粪；雨天土湿时可3～4d一次，施用浓度为50%～60%的人畜粪。

【结果期浇水】 根据果实生长情况及时浇灌。高温干旱季节可沟灌（图2-24）。

图2-23　茄子裂果

图2-24　茄子沟灌浇水

注意: 灌水量宜逐次加大。高温干旱之前可利用稻草、秸秆等进行畦面覆盖，覆盖厚度以4～5cm为宜。地膜覆盖栽培，注意生长中后期结合追肥及时浇水。

建议: 用10%苯醚甲环唑1500倍液喷雾一次。

【后期浇水追肥】 第三层果实采收后，以供给水分为主，结合施用浓度为20%～30%的肥料即可，宜用高钾型大量元素水溶肥与平衡型大量元素水溶肥交替追施，每采收一次追一次肥。

注意: 地膜覆盖栽培宜"少吃多餐"，肥料或随水浇施，或在距茎基部10cm以上行间打孔埋施。中后期还可隔5～7d叶面喷施0.3%～0.5%的尿素和磷酸二氢钾液。

建议: 用75%百菌清可湿性粉剂450倍液喷雾，7d一次，连喷2～3次。

▪▪▪ 4.夏秋茄子栽培 ▪▪▪

夏秋茄子，长江流域4月上旬至5月下旬均可播种，5月下旬至6月上旬移栽，早秋淡季开始上市直至深秋，其间有中秋、国庆两大节日，故经济效益较高。

【选择品种】选用耐热、抗病性强、高产的中晚熟品种。

【选择播期】一般在4月上旬至5月下旬露地阳畦育苗。

【苗床制作】苗床经翻耕后，加入腐熟农家肥作基肥，整地做畦，畦宽1.7m，浇足底水，表面略干后，划成规格为12cm×12cm的营养土坨。

【播种】每坨中央摆2～3个芽，覆土1.0～1.5cm厚，一叶一心时，每坨留1株。也可把种子播到苗床，待出土长到2片真叶后移植，苗距12cm×12cm。浇水或降雨后及时在床面上撒干营养土，苗期不旱不浇水。

【苗期管理】如缺肥，可结合浇水加入1%尿素和1.5%磷酸二氢钾混合液。若提早到3月份播种，须注意苗期保温。5月以后高温时期育苗，应搭阴棚或遮阳网降温。出苗后要及时间苗，2叶1心时分苗，稀播的也可不分苗。

有条件的可采用穴盘育苗或漂浮育苗，无需分苗。

【整地施肥】选择非茄科蔬菜地，每亩施腐熟农家肥5000kg（或商品有机肥600kg）以上，施复合肥30～50kg左右。

【定植】早播苗龄60d左右，迟播苗龄50d左右，顶端现蕾时即可适时定植。畦宽1m左右，沟深15～20cm，栽2行，行株距60cm×（40～60）cm，每亩栽植2500株左右（图2-25）。

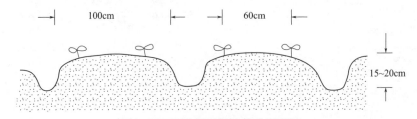

图2-25　夏秋茄子露地栽培示意图

【浇定根水】栽后及时浇定根水。应注意夏季雨后立即排水，以防沤根。

建议：从缓苗水开始，每亩用1×10^8 CFU/g枯草芽孢杆菌微囊粒剂（太抗枯芽春）500g+3×10^8 CFU/g哈茨木霉菌可湿性粉剂500g+0.5%几丁聚糖水剂1kg浇灌植株，后期可每月冲施1次。

【插架】株型高大品种，应插短支架或畦两边绑绳防倒伏（图2-26）。

建议：从缓苗后，可喷施1∶1∶200波尔多液2～3次，每隔7～10d一次，有利于预防多种病害。

【中耕除草】定植后结合除草及时中耕3～4次。封行前进行一次大中耕，深挖10～15cm，土坨宜大。如底肥不足，可补施腐熟饼肥或复合肥（埋入土中），并进行培土。

【保花保果】温度过高（38℃以上）时，可用浓度为30mg/kg的2,4-滴浸花或涂花（注意不能喷花），以防止落花。也可用浓度50mg/kg的对氯苯氧乙酸钠在含

图2-26　茄子畦两边绑绳防倒伏

图2-27　茄子开花期

苞待放的花蕾期或花朵刚开放时（图2-27）直接向花上喷洒。

【第一次浇水追肥】门茄坐住后及时结合浇水追肥，每亩施尿素20kg。

【抹枝打老叶】把门茄以下的侧枝全部抹除。植株封行以后分次摘除基部病叶、老叶、黄叶。如植株生长旺盛可适当多摘，反之少摘。

【第二次及以后追肥】以后每层果坐住后及时追一次肥，每次每亩追施尿素20kg、磷肥15kg、钾肥10kg。

6月中旬到7月中下旬定植的（最迟不宜超过立秋），高温干旱时期需经常灌水，可在畦面铺盖4～5cm厚稻草，保水降温。

▓▓ 5.茄子大棚秋延后栽培 ▓▓

茄子大棚秋延后栽培（图2-28），一般于6月中旬播种育苗，7月中旬定植，9月下旬至11月下旬采收。

【选择品种】选择生育期长、耐热、抗性强、品质好、耐贮运的中晚熟品种。

【选择播期】一般6月10～15日播种。

【苗床制作】可露地播种育苗，最好在大棚内进行。选地势较高、排水良好的地块作苗床，要筑成深沟高畦。

【种子处理】经磷酸三钠处理后进行变温处理，催芽。

图2-28　茄子大棚秋延后栽培

【播种】播种时浇足底水，覆土后盖上一层湿稻草，搭建小拱棚，小拱棚上覆盖旧的薄膜和遮阳网，四周通风（图2-29）。秧苗顶土时及时去掉稻草，秧苗2～3片真叶时，一次性假植进钵，营养土中一定要拌药土，假植后要盖好遮阳网。也可直接播种于营养钵内进行育苗。气温高时注意经常浇水，晴天早晚各一次，浇水时可补施薄肥，如尿素、稀淡人粪尿等。

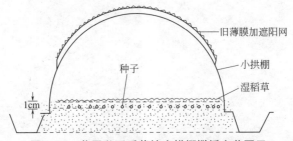

图2-29　茄子秋延后栽培小拱棚撒播育苗图示

【苗期管理】定期用 50% 多菌灵可湿性粉剂 800 倍液喷雾或浇根。在 2～3 片真叶期，可用 3000mg/kg 的矮壮素溶液喷雾，以抑制秧苗徒长。及时防治蚜虫、红蜘蛛、茶黄螨、蓟马等虫害。

【土壤消毒】前茬作物采收后清除残枝杂草，每亩用 50% 多菌灵可湿性粉剂 2kg 进行土壤消毒。

【施基肥】每亩施腐熟农家肥 6000～7000kg（或商品有机肥 700～800kg）、磷肥 50kg，于定植前 10d 左右施入。

【做畦】每个标准大棚（6m×30m）做成四畦，整地后用氟乐灵、丁草胺等除草剂喷洒。

【棚室消毒】定植前一天晚上进行棚内消毒，1m³ 空间用硫黄 5g，加 80% 敌敌畏乳油 0.1g 和锯末 20g，混合后暗火点燃，密闭熏烟一夜。

【定植】一般苗龄 40d，5～6 片真叶时定植，在长江流域一般于 7 月中旬定植。

定植宜在阴天或晴天傍晚进行，每畦种 2 行，株距 40cm。定植后覆盖遮阳网，成活后揭去遮阳网。

【浇定根水】定植后浇足定根水。

【遮阴】前期气温高，可在大棚上盖银灰色遮阳网（一般可在还苗后揭除）。

【第一次浇水施肥】缓苗后浇一次水，并每亩追施腐熟沤制的饼肥 100kg。

建议：从缓苗水开始，每亩用 1×10⁸ CFU/g 枯草芽孢杆菌微囊粒剂（太抗枯芽春）500g+3×10⁸ CFU/g 哈茨木霉菌可湿性粉剂 500g+0.5% 几丁聚糖水剂 1kg 浇灌植株，后期可每月冲施 1 次。

【中耕培土】多次中耕培土，同时还应蹲苗。

建议：缓苗后，可喷施 1∶1∶200 波尔多液 2～3 次，每隔 7～10d 一次，有利于预防多种病害。

【第二次浇水施肥】早秋高温干旱时要及时浇水，结合浇水施薄肥，每次浇水后，应在半干半湿时进行中耕，门茄坐住后结束蹲苗。

【保花保果】开花初期及后期，可用 30～40mg/kg 的对氯苯氧乙酸钠或 20～30mg/kg 的 2,4- 滴等点花。

【植株调整】植株封行后，可适当整枝修叶，一般将门茄以下的侧枝全部摘除。

【吊蔓整枝】盛果期，要及时吊蔓（或插竹竿），防止植株倒伏。吊蔓所用绳索应为抗拉伸强度高、耐老化的布绳或专用塑料吊绳（图 2-30）。绑蔓时动作要轻，吊绳的长短要适宜，以枝干能够轻轻摇摆为宜。

图2-30　茄子吊蔓栽培　　　　　　图2-31　大棚内吊二道膜保温防寒

【后期浇水施肥】植株开花结果旺盛，要及时补充肥料。一般在坐果后，开始 2～3 次以复合肥为主，每亩每次施 15～20kg。后 2～3 次以饼肥为主，每亩每次施 10～15kg。以后以追施腐熟粪肥为主，约 10～12d 一次。每次浇水施肥后都要放风排湿。

11 月中旬后，如果植株生长比较旺盛，可不再施肥。

【采收】一般从 9 月下旬前后开始及时采收，可一直采收到 11 月甚至翌年元月。

【盖棚顶】9 月下旬后温度逐渐下降，如雨水多，可用薄膜覆盖大棚顶部。

【围裙膜】10 月中旬后，当温度降到 15℃以下时，应围上大棚裙膜保温。

【多层覆盖】11 月中旬后，如果夜间最低温度在 10℃以下时，应在大棚内搭建中棚，覆盖保温，或在大棚下吊二道膜保温防寒（图 2-31）。

■■■■ 6. 茄子主要病虫害防治安全用药 ■■■■

防治对象	药剂名称	剂型	施用方式	稀释倍数或用药量	安全间隔期/d
猝倒病、立枯病	霜脲·锰锌	72%可湿性粉剂	喷雾	600 倍	7
	百菌清	75%可湿性粉剂	喷雾	600 倍	3
早疫病（图 2-32）	甲霜铜	50%可湿性粉剂	喷雾	500 倍	5
	噁霜灵	64%可湿性粉剂	喷雾	400～500 倍	3
青枯病（图 2-33）	噻森铜	20%悬浮剂	灌根	300 倍	
	氢氧化铜	77%可湿性粉剂	灌根	500 倍	3～5

防治对象	药剂名称	剂型	施用方式	稀释倍数或用药量	安全间隔期/d
灰霉病（图2-34）	腐霉利	50%可湿性粉剂	喷雾	1000倍	1
	乙烯菌核利	50%干悬浮剂	喷雾	800倍	4
白粉病（图2-35）	苯醚甲唑	10%水分散粒剂	喷雾	900～1500倍	7～10
	烯肟菌胺	5%乳油	喷雾	1000倍	
炭疽病（图2-36）	百菌清	75%可湿性粉剂	喷雾	500倍	3
	嘧菌酯	25%悬浮剂	喷雾	2000倍	3
病毒病（图2-37）	氨基寡糖素	2%水剂	喷雾	300～450倍	7～10
	菌毒清	5%水剂	喷雾	250～300倍	7
绵疫病（图2-38）	噁唑菌酮	6.25%可湿性粉剂	喷雾	1000倍	20
	双炔酰菌胺	25%悬浮剂	喷雾	1000倍	3
	氟菌·霜霉威	67.5%悬浮剂	喷雾	800倍	3
褐纹病（图2-39）	咪鲜胺	25%乳油	喷雾	3000倍	10
	苯醚甲环唑	10%水分散粒剂	喷雾	1500倍	7～10
	嘧菌·百菌清	56%悬浮剂	喷雾	800倍	
根结线虫病（图2-40）	棉隆	98%颗粒剂	土壤处理	30～40g/m^2	
	威百亩	35%水剂	沟施	4～6kg/亩	
白绢病（图2-41）	甲基立枯磷	20%乳油	喷雾或灌根	1000倍	10
	代森锰锌	70%可湿性粉剂	喷雾或灌根	600倍	15
蚜虫、白粉虱（图2-42）	吡虫啉	10%可湿性粉剂	喷雾	2000倍	7
	高效氯氟氰菊酯	2.5%乳油	喷雾	2000倍	7
蓟马（图2-43）	多杀菌素	2.5%乳油	喷雾	1000倍	1
	吡虫啉	10%可湿性粉剂	喷雾	2000倍	7
螨（图2-44）	炔螨特	73%乳油	喷雾	2000倍	7
	噻螨酮	5%乳油	喷雾	1500倍	30
茄二十八星瓢虫（图2-45）	吡虫啉	70%水分散粒剂	喷雾	20000倍	10
	氟氯氰菊酯	2.5%乳油	喷雾	4000倍	21
茄黄斑螟（图2-46）	甲维盐	1%乳油	喷雾	2000～4000倍	7
	氯虫苯甲酰胺	5%悬浮剂	喷雾	2000～3000倍	1

图2-32　茄子早疫病叶片上的圆形病斑

图2-33　茄子青枯病茎基部木质部变褐色

图2-34　茄子苗期灰霉病病叶

图2-35　茄子白粉病

图2-36　茄子炭疽病病果

图2-37　茄子病毒病植株

图2-38 茄子绵疫病病果挂在枝上

图2-39 茄子褐纹病病果

图2-40 茄子根结线虫病

图2-41 茄子白绢病茎基菌丝

图2-42 温室白粉虱成虫危害茄子叶片

图2-43 蓟马危害茄子叶片

图2-44　红蜘蛛危害茄子使果柄木栓化

图2-45　茄二十八星瓢虫成虫危害茄子叶片

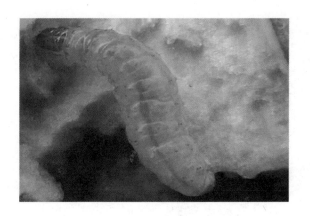
图2-46　茄黄斑螟幼虫

三、番茄

1. 番茄大棚早春栽培

番茄大棚早春栽培（图3-1），于11月下旬播种育苗，翌年采用大棚套地膜的栽培方式，达到提早播种、提早上市的目的。

图3-1　番茄大棚早春栽培

【选择品种】应选用耐低温、耐弱光、抗病性强的品种。

【确定播期】番茄育苗以60～80d为宜，苗应带大花蕾。越冬冷床育苗一般在11月中下旬播种，电热温床育苗在12月中下旬播种，均可在2月中下旬定植于大棚。

【种子消毒】将种子进行消毒处理。用甲醛100倍液浸种20min，可预防早疫病。或用10%磷酸三钠和2%氢氧化钠水溶液浸种20min，可预防病毒病。药剂浸种后，均需用清水洗净。

【浸种催芽】种子消毒后用常温水浸种5～6h，晾干表面浮水，置25～28℃下催芽，每天用温水淘洗一次，70%种子露白后播种。

【配制营养土】由充分腐熟的农家肥7份与肥沃园土3份，粉碎过筛后，每100kg营养土中加入硫酸铵0.1kg、过磷酸钙0.4kg、草木灰1.5kg，混匀后备用。

【准备播种床】1m² 播种床用 40% 甲醛 30～50mL，兑水 3L，喷洒床土后闷盖消毒 3d。

【播种】可采用两种方法。

（a）苗床播种（图 3-2）　1m² 播种 8～10g 为宜，播种后覆盖厚约 1cm 细土，并盖草木灰，再在床面上喷洒敌敌畏等杀虫农药。播后盖地膜保温保湿。

（b）营养钵播种（图 3-3）　营养钵每钵播种 2～3 粒，上盖消毒细土，用细土填满钵间空隙，喷一层薄水。

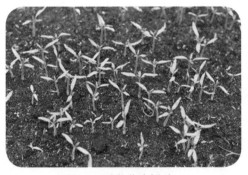

图3-2　番茄苗床播种

图3-3　番茄营养钵分苗或播种

【苗期管理】播种后密闭大棚高温高湿促出苗。幼芽拱土时撤掉塌地膜，适当降低温度。营养钵播种，床土易干燥，应适时喷水。出现戴帽，可在喷湿后人为帮助摘帽，不能干摘帽。注意防止低温高湿；气温过高时应适期放风。若养分不够，可结合浇水喷施 0.1% 复合肥液。

有条件的，还可采用泥炭块育苗（图 3-4）或基质穴盘育苗（图 3-5）或漂浮育苗等。

图3-4　番茄泥炭营养块育苗

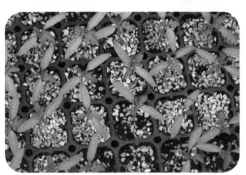

图3-5　穴盘基质培育番茄幼苗

此外，有条件的，最好采用嫁接育苗，其嫁接育苗方式有插接法（图 3-6）、劈接法（图 3-7）、舌形靠接法（图 3-8）等，此处不专门叙述。

【分苗】2～3 片真叶前，选择之后有三四个晴天的晴天上午分苗假植，以营养钵分苗最好。密度 10cm×10cm。及时浇定根水。

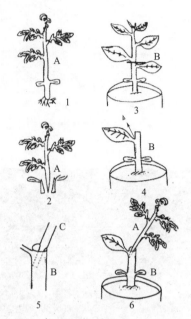

图3-6 番茄插接法嫁接示意图
A—番茄苗；B—砧木苗；C—竹签
1—番茄苗起苗；2—番茄苗削切；3—砧木苗平茬；
4—砧木去腋芽；5—砧木插孔；6—番茄苗插接

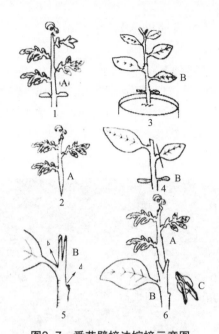

图3-7 番茄劈接法嫁接示意图
A—番茄苗；B—砧木苗；C—嫁接用夹
1—番茄苗起苗；2—番茄苗削切；3—砧木苗平茬；
4—砧木苗去叶；5—砧木劈切、去腋芽；6—插接，固定接口

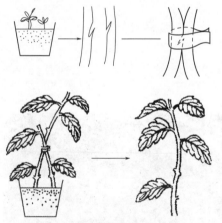

图3-8 番茄舌形靠接法示意图

【分苗床管理】分苗后密闭大棚高温高湿促缓苗。缓苗后适当降温，加强通风透气，即使是阴天也要在中午透气1～2h。遇寒潮侵袭时应加强保温增温管理，可采用大棚内套小拱棚，小拱棚上加盖草帘等防寒，有条件的可采用地热线加温或大棚燃烧块加温。若秧苗徒长，可用50mg/kg矮壮素喷洒处理。若缺肥，可叶面喷施0.3%尿素+0.1%磷酸二氢钾混合液2～3次。

【炼苗】定植前一周，采取控水、逐渐加大通风量等措施炼苗。

【土壤处理】前作收获后，长期未施石灰调节酸碱度的，应土壤翻耕前每亩撒施生石灰150～200kg。

【施基肥】土壤翻耕后，每亩施充分腐熟农家肥3000kg（或商品有机肥300kg）、腐熟饼肥75kg、三元复合肥50kg。

【做畦】土壤翻耕施肥后，立即整地做畦，畦宽1m，畦沟宽0.5m，沟深0.3m，畦面略呈龟背形。畦做好后，覆盖好地膜待定植。

【定植】在10cm土温稳定通过10℃后定植。在长江中下游地区，可于2月上

中旬抢晴天定植在大棚或小拱棚内。

移栽前，每亩用枯草芽孢杆菌（含活芽孢 10 亿个 /g）可湿性粉剂 1000g，拌药土撒施于畦沟中。

每畦栽两行，株行距 25cm×50cm，每亩栽 4000～4500 株。

【浇定根水】定植后及时浇定根水。

【缓苗期保温】定植后 3～4d 内闭棚高温高湿促缓苗。

【浇缓苗水】定植 3～5d 缓苗后浇一次缓苗水，一般不追肥，也可视生长情况轻施一次速效肥（最好选用含腐植酸或海藻酸或氨基酸水溶肥，可促进生根）。

建议：从缓苗水开始，每亩用 $1×10^8$ CFU/g 枯草芽孢杆菌微囊粒剂（太抗枯芽春）500g+$3×10^8$ CFU/g 哈茨木霉菌可湿性粉剂 500g+0.5% 几丁聚糖水剂 1kg 浇灌植株，可促进生根，调理土壤，预防根腐病、枯萎病、青枯病等。后期可每月冲施 1 次。

【缓苗后适当通风降温】随气温升高，加大通风量，降湿降温。开花结果初期，温度宜控制在白天 23～25℃，夜间 15～17℃，注意拉大昼夜温差。若遇低温阴雨天气，应注意保温和除湿工作。

建议：缓苗后，可喷施 1∶1∶200 波尔多液 2～3 次，每隔 7～10d 一次，有利于预防多种病害。

【插架】植株进入旺盛生长后要及时插架，可选用单立架或篱笆架（图 3-9）。

【保花保果】开花结果期，可使用植物生长调节剂（如 2,4- 滴、对氯苯氧乙酸钠等）处理花朵，可防止落花落果。

（a）2,4- 滴处理　浓度 10～20mg/kg，前期温度低时可选用 15～20mg/kg，中后期 10～15mg/kg。

（b）对氯苯氧乙酸钠处理　浓度为 20～50mg/kg，当每一花序上有 3～4 朵花盛开时处理，一个花序喷一次，对准应该处理的花朵进行喷射（图 3-10）。

图3-9　番茄篱笆架

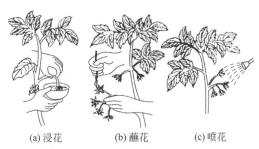

（a）浸花　　　（b）蘸花　　　（c）喷花

图3-10　激素处理番茄花序示意

【第一次浇水追肥】待第一批果的直径长到 3cm 时，选用大量元素水溶肥料结合浇水追肥。

此外，为防止果实脐腐病（图3-11）的发生，一定要注意提前根外追施糖醇钙等含钙叶面肥，可结合喷药防病一起进行。

【整枝、摘芽、摘叶】宜采用单干整枝法（只留主干，所有侧枝全部摘除），每株留3～4穗果；也可每株除主干外，还保留第一花序下的第一侧枝，此侧枝仅留1穗果后即摘心（图3-12）。宜在侧芽长6～10cm时选晴天中午进行。摘去第一穗果以下的衰老病叶。

图3-11　番茄脐腐病病果

图3-12　番茄摘心示意图

【留果】早熟品种单干整枝，留2～3穗果，晚熟品种留5穗果后摘心，注意果穗上方留2片叶。

【撤膜】5月下旬以后，随着外界气温升高，可把棚膜全部撤除（一般情况下不撤棚膜，仅把裙膜揭开，留顶膜作避雨栽培）。

【盛果期加强通风】盛果期温度控制在白天25～26℃，夜间15～17℃。外界最低气温超过15℃，可把四周边膜或边窗全部掀开，阴天也要进行放风。

【第二至第四次浇水追肥】盛果期后再浇2～3次壮果水，每亩每次追施浓度为30%的人粪尿200kg或复合肥10～15kg，还可结合喷药叶面喷施1%的过磷酸钙或0.1%～0.3%的磷酸二氢钾。

注意：灌水后应加强通风，后期应保持土壤湿润，防止土壤忽干忽湿，导致裂果（图3-13）。有条件的，最好采用膜下滴灌或暗灌设施，实现水肥一体化。

【采收】当番茄达到商品性时（图3-14）及时分批采收。

图3-13　番茄浇水不均等原因导致的条状裂果

图3-14　采收的番茄果实

【催熟】在番茄着色期应用乙烯利促进果实成熟。

（a）浸果法 即在果肩开始转色时采收，采收后用 2000～3000mg/kg 乙烯利 [一般用乙烯利商品制剂 40% 水剂 1 支（10mL）兑水 1.33～2kg] 浸果 1～2min，浸后沥干，放入 20～25℃ 温度下，约经 5～7d 可转红。

（b）植株喷雾法 约在采收前半个月，第一、二穗果进入转色期时，喷洒 500～1000mg/kg 乙烯利 [一般用乙烯利商品制剂 40% 水剂 1 支（10mL）兑水 4～8kg] 一次，间隔 7d 后再喷一次，番茄可提早 6～8d 成熟。

2. 番茄春露地栽培

番茄春露地栽培（图 3-15），一般于 12 月上中旬利用保护地播种育苗，3 月下旬至 4 月上旬晚霜过后定植于露地，多采用地膜覆盖栽培。地膜覆盖栽培是番茄栽培的主要形式。

【选择品种】早熟栽培宜选择自封顶生长类型的早熟丰产的品种，晚熟栽培宜选择生长势强的无限生长类型的品种。

【育苗、分苗】育苗多于 12 月上中旬。多采用温室或大棚铺地热线育苗、

图3-15 番茄春露地地膜覆盖栽培

酿热温床育苗、冷床播种育苗。具体育苗技术可参考大棚早春栽培。2 叶 1 心期分苗，最好在小拱棚或大棚冷床分苗。加强苗期管理，培育壮苗。苗龄 60～70d，出现大花蕾（图 3-16）时可定植。

注意：不宜采用基质育苗，尤其不宜采用超龄苗（图 3-17）。

图3-16 适宜定植的番茄壮苗

图3-17 超龄番茄基质苗

图3-18 土壤深翻

【土壤消毒】整地前，每亩用50%多菌灵可湿性粉剂或70%敌磺钠可溶性粉剂1kg，加50%辛硫磷乳油0.5～1.0L，兑水喷雾地面，或配成1000倍液浇灌土壤。

【整地】与非茄科作物进行2～3年的轮作。深翻（图3-18）25～30cm。

【施基肥】每亩施充分腐熟农家肥约4000kg（或商品有机肥500kg）、饼肥100kg、过磷酸钙50kg、硼酸（砂）1～2kg。

【做畦】定植前10～15d开始整地做畦，畦宽1～1.5m（包沟），定植前一周左右铺盖地膜升温。

【定植】一般都在当地晚霜期后，耕层5～10cm深的地温稳定通过12℃时定植。长江流域一般在3月下旬定植。若遇到阴雨大风天气，应适当延晚定植。

早熟品种，一般每亩栽4000株（提早打顶摘心的，栽5000～6000株）。一般采用畦作，畦宽1～1.5m，定植2～4行，株距25～33cm。

中晚熟品种，栽3500株左右（双干整枝，高架栽培栽2000株左右）。采用畦作，畦宽一般为1～1.1m，每畦栽2行，株距35～40cm；采用垄栽，一般垄距为55～60cm，株距35～40cm，每亩栽3500株左右（图3-19）。

定植最好选择无风的晴天进行，定植后随即浇定根水。

如果番茄苗在苗床因管理不善而徒长，定植时可进行卧栽（露在上面的茎尖稍向南倾斜）（图3-20）。

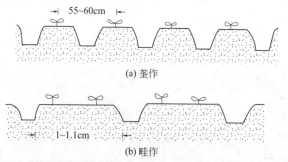

(a) 垄作

(b) 畦作

图3-19 番茄春露地栽培垄作与畦作示意图

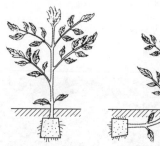

(a) 健壮苗的定植   (b) 徒长苗的定植

图3-20 番茄的定植方法

【浇缓苗水】定植5～7d缓苗后再浇一次缓苗水，浇水量不可过多。

建议：从缓苗水开始，每亩用$1×10^8$ CFU/g枯草芽孢杆菌微囊粒剂（太抗枯芽春）500g+$3×10^8$ CFU/g哈茨木霉菌可湿性粉剂500g+0.5%几丁聚糖水剂1kg浇灌植株，后期可每月冲施1次。

【插架绑蔓】番茄定植后到开花前要进行插架绑蔓。

插架，可用竹竿、秸秆、细木杆及专用塑料杆。高架多采用人字架和篱笆架，矮架多采用单干架（图3-21）、三角架、四角架（图3-22）或六角架等。

图3-21　番茄单干架

图3-22　番茄四角架

建议：缓苗后，可喷施1:1:200波尔多液2~3次，每隔7~10d一次，有利于预防多种病害。

绑蔓（图3-23），要求随着植株的向上生长及时进行。绑蔓要松紧适度。绑蔓要把果穗调整在架内，茎叶调整到架外。

图3-23　用绑蔓枪给番茄绑蔓效果图

【中耕除草】除地膜覆盖不需中耕外，其他栽培方式要及时进行中耕除草。浇缓苗水后，或在雨后或灌水后，待土壤水分稍干后均要及时进行中耕除草3~5次。除草时一般就地取土把草压在地膜下，大草要人工拔除。

【第一次浇水追肥】坐果前，若基肥不足，应结合浇缓苗水早施提苗肥，每亩追施腐熟稀薄粪尿500kg，或缓苗后结合中耕每亩穴施（穴深10cm，距离植株15~20cm）充分腐熟农家肥500kg或尿素5kg。

【蹲苗】缓苗后到第一花穗坐果期，一般不需浇水施肥，要进行蹲苗促根下扎。早熟品种蹲苗时间不宜过长，中晚熟品种蹲苗时间可适当延长以控制徒长。

【整枝】早熟栽培时，一般采用单干整枝法。自封顶品种进行高产栽培和无限生长番茄幼苗短缺稀植时可用双干整枝、改良式单干整枝或换头整枝法（图3-24）。

【打杈】结合整枝要进行疏花疏果，摘除老叶、病叶。当侧枝生长到

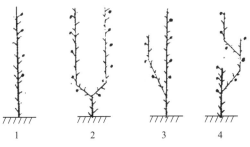

图3-24　番茄整枝示意图
1—单干式；2—双干式；3——干半式；4—换头式

5～7cm 长时开始打杈，以后打杈，原则上见杈就打，但生长势弱或叶片数量少的品种，应待侧枝长到 3～6cm 长时，分期、分批摘除。自封顶品种封顶后，顶部所发侧枝可摘花留叶，防止日灼。

图3-25　菜农在给番茄用激素喷花

【保花保果】花期用 1% 对氯苯氧乙酸钠水剂 2mL 兑水 0.65～0.9L 喷花或蘸花（图 3-25），或兑水 1～3L 涂抹花柄，可防止落花落果。

注意不能重复蘸花，高温时对氯苯氧乙酸钠用低浓度，低温时用高浓度。

【第二次浇水追肥】第一果穗坐果以后，结合浇水追施催果肥。每亩施尿素 15～20kg、过磷酸钙 20～25kg，或磷酸二铵 20～30kg。缺钾地块应施硫酸钾 10kg，或用 1000kg 腐熟人粪尿和 100kg 草木灰代替化肥施用，或施用高钾型水溶肥料。

【浇水】结果期后，视情况，4～6d 浇一次水，整个结果期保持土壤湿润。采用滴灌的田块，每天滴灌一次，每次 2～3h。阴天少浇或不浇水。

【摘心】自封顶类型的番茄自行封顶，不必摘心，但无限生长类型品种在留足果穗数后上留 2 片叶左右摘心。一般留果 4～6 穗。

【疏花疏果】番茄应视生长势适当疏去一部分花果，以疏去花和小果为主。一般第一穗留果 2 个左右，第二穗以后每穗留 3 个果左右。

【第三、四次浇水追肥】第二穗果和第三穗果开始迅速膨大时，每亩每次用尿素 15kg、硫酸钾 20kg，或复合肥 40kg，各追肥一次。

高架栽培，当第四穗果迅速膨大时，每亩追施氮肥 15～20kg、硫酸钾 20kg。拉秧前 15～20d 停止追肥。

【摘叶】第一穗果开始成熟采收时，及时将下部的叶片打掉，并适当疏除过密的叶片和果实周围的小叶。

【叶面追肥】叶面追肥可选用 0.2%～0.4% 的磷酸二氢钾，或 0.1%～0.3% 的尿素，或 2% 的过磷酸钙水溶液，或喷多元复合肥。

【排涝】生长中后期雨水多时，要做到及时排水防渍。

【采收】一般在定植后 60d 左右可陆续采收。

▦▦▦ 3. 番茄大棚越夏栽培 ▦▦▦

番茄大棚越夏栽培，采用多层覆盖可延迟至 11 月底以后拉秧。从播种开始，全程注意防暴雨、高温、虫害、强光等。

【选择品种】应选用耐强光、耐高温、耐潮湿、抗病性强的品种。

【确定播期】在 4 月中旬至 6 月中下旬，不宜过早或过迟，以免影响效益。

【种子处理】种子用高锰酸钾或磷酸三钠溶液浸种消毒，可预防病毒病。

【育苗】最好选用营养钵直播育苗或基质穴盘育苗。

【苗期管理】播种后，苗畦上搭拱棚，用遮阳网等遮阴降温，晴天上午10时至下午4时覆盖。雨前用塑料布防雨。最好采用防虫网覆盖防虫害。

一般苗龄30d左右，5片真叶、株高12～15cm时带土（或基质）定植。

【设施准备】移栽前仔细检查棚膜是否有破损，及时修补。光线过强时棚膜上覆盖遮阳网。有条件的，可在大棚周围及其他通风处用防虫网盖严。

【整地施肥】前茬作物收获后，结合深耕施足基肥。农家肥一定要充分腐熟。施肥量参考春露地栽培。

【移栽定植】由于温度高，浇水勤，多采用马鞍形栽培（图3-26），不用地膜。一般株行距0.3m×0.6m，每亩定植3700株左右。栽后浇一次水，2d后再浇一次水。

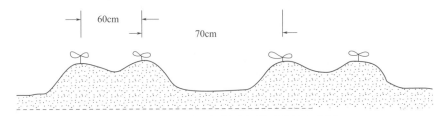

图3-26 番茄越夏保护地马鞍形栽培示意图

建议：从缓苗水开始，每亩用1×10^8 CFU/g枯草芽孢杆菌微囊粒剂（太抗枯芽春）500g+3×10^8 CFU/g哈茨木霉菌可湿性粉剂500g+0.5%几丁聚糖水剂1kg浇灌植株，后期可每月冲施1次。

【遮阴防高温】定植后用遮阳网遮光降温，防止高温危害。

【蹲苗控长】缓苗后至坐果前要注意适当蹲苗，发现叶片轻度萎蔫时应适当补水。如遇阴雨，植株表现徒长，可喷洒150mg/L助壮素控制。

建议：缓苗后，可喷施1∶1∶200波尔多液2～3次，每隔7～10d一次，有利于预防多种病害。

棚内多采用吊蔓栽培（图3-27）。

【保花保果】开花期，可用30mg/L对氯苯氧乙酸钠保花保果。蘸花时间在每天上午无露水时和下午4时以后，避开中午高温期。注意浓度不宜过高，否则易产生畸形果（图3-28）。

【扣棚膜】进入9月份，应换上新棚膜，以增加光照。

图3-27 番茄吊蔓栽培

图3-28 番茄使用激素不当产生的桃
形畸形果

【整枝摘叶】采用单干整枝法，留4～5穗果，9月上中旬打顶。及时打杈，剪除老叶、黄叶。

【浇水追肥】开花期不要浇水。当第一穗果长到核桃大小时开始追肥浇水，以后每次浇水都要施肥，每亩冲施氮磷钾复合肥15kg、腐熟鸡粪0.3m³。

大棚四周要挖排水沟，做到雨住田干。水要在一天中的早、晚浇，小水勤浇。

【疏花疏果】在果实长到核桃大小时，每穗选留健壮、周正的大果3～4个，其他全部摘除。

【保温】10月中旬气温下降，要拉上棚膜保温。拉棚膜前一周浇一次水，打一遍药防病。秋季昼夜温差大，盖上棚膜后，应及时摘除果实周围的小叶，减少结露，以减少裂果现象。

【采收】果实进入转色期即可采收。采收后期可将剩余的少量未红熟的果实带果柄摘下，用乙烯利催熟，也可在生长后期直接在植株上催熟果实。

【多层保温】进入11月份，当白天气温降至18℃以下时，要及时拉二道幕保温防寒。

▣▣▣ 4. 番茄大棚秋延后栽培 ▣▣▣

番茄大棚秋延后栽培（图3-29），生育前期高温多雨，病毒病等病害较重，生育后期温度逐渐下降，又需要防寒保温，防止冻害。

图3-29 番茄秋延后地膜覆盖滴灌遮阴栽培

【选择品种】选择抗病毒能力强、耐高温、耐贮、抗寒的中熟、早熟品种。

【播期确定】应根据当地早霜来临时间确定播期，不宜过早或过迟，一般在 7 月中旬播种为宜。每亩栽培田用种 40～50g。

【种子处理】种子用 10% 磷酸三钠或 2% 氢氧化钠水溶液浸种 20min 后取出，用清水洗净，浸种催芽 24h，可预防病毒病。

【苗床准备】选择洁净地块作苗床。畦宽 1.2m。播前 15d 用 100 倍甲醛溶液喷洒土壤，密闭 2～3d 后，待药气散尽后再播种。

【苗床管理】播后在苗床上覆盖银灰色的遮阳网。1～2 片真叶时，趁阴天或傍晚，在大棚内排苗。最好排在营养钵中。苗距 10cm×10cm。从幼苗 2 叶 1 心期开始到第一花序开花前可喷 100～150mg/kg 的矮壮素 2 次，以防止幼苗徒长，促进壮苗。

【整地施肥】每亩施腐熟农家肥 4000～5000kg（或商品有机肥 500～600kg）、复合肥 30～50kg（或饼肥 200～300kg）。

【做畦】高畦深沟，畦宽 1.1m。

【定植】苗龄 25d 左右，3～4 片真叶时，选择阴天或傍晚定植。南方一般在 8 月下旬至 9 月初，北方稍早。每畦种两行，株距 15～25cm。苗要栽深一些。

【浇定根水】定植后及时浇定根水。

【遮阴防雨】在大棚上盖上银灰色的遮阳网，盖了棚膜的应将大棚四周塑料薄膜全部掀开。有条件的最好畦面盖草，以降低地温。

【浇缓苗水】4～5d 后浇缓苗水。

建议：从缓苗水开始，每亩用 $1×10^8$ CFU/g 枯草芽孢杆菌微囊粒剂（太抗枯芽春）500g+$3×10^8$ CFU/g 哈茨木霉菌可湿性粉剂 500g+0.5% 几丁聚糖水剂 1kg 浇灌植株，可促进生根，调理土壤，预防根腐病、枯萎病、青枯病等。后期可每月冲施 1 次。

【防徒长】定植成活后，结合浇水用 300mg/kg 矮壮素浇根 2～3 次防徒长，每次间隔 15d 左右。

建议：缓苗后，可喷施 1∶1∶200 波尔多液 2～3 次，每隔 7～10d 一次，有利于预防多种病害。

【搭架整枝】边生长边搭架。采用单干整枝。

【保花保果】开花坐果期，可用 10mg/kg 的 2，4- 滴或 20～25mg/kg 的对氯苯氧乙酸钠蘸花或喷花，每朵花蘸一次，每花序喷一次，可防止落花落果。

【控水控肥】定植后至坐果前应控制浇水，若植株明显缺肥，可施一次清淡的粪水作"催苗肥"，严禁重施氮肥。

【浇水追肥】果实长至直径 3cm 大小时，可施一次 30% 的腐熟人粪水。

【疏果】坐果后，每穗果留 3～4 个，其余疏去。

【摘心】主枝坐住 2～3 穗果后，在最上一果上留 2～3 叶后摘心。

【采收后看苗追肥】追肥最好在晴天下午，可叶面喷施 0.2%～0.5% 的磷酸二氢钾 +0.2% 的尿素混合液。

【浇水管理】灌水时不要漫过畦面，灌水宜在下午进行，若能采用滴灌和棚顶微喷则更好。秋涝时应及时排水。

【摘除老叶、病叶】及时摘除植株下部的老叶、病叶。

【保温防冻】当外界气温下降到 15℃ 以下时，夜间及时盖棚保温，白天适当通风。11 月上中旬要套小棚，12 月以后遇寒潮还要加二道膜或草帘。棚内气温低于 5℃ 时，及时采收、贮藏。

5. 番茄主要病虫害防治安全用药

防治对象	药剂名称	剂型	施用方式	稀释倍数或用药量	安全间隔期/d
猝倒病、立枯病	霜霉威盐酸盐	72.2% 水剂	喷雾	600 倍	3
	噁霜灵	64% 可湿性粉剂	喷雾	500 倍	3
绵疫病（图3-30）	噁霜灵	64% 可湿性粉剂	喷雾	500 倍	3
	霜脲·锰锌	72% 可湿性粉剂	喷雾	800 倍	7
灰霉病（图3-31）	嘧霉胺	50% 可湿性粉剂	喷雾	1100 倍	3
	异菌脲	50% 粉剂	喷雾	1000～1500 倍	7
白粉病（图3-32）	苯醚甲环唑	10% 水分散粒剂	喷雾	900～1500 倍	7～10
	吡唑醚菌酯	25% 乳油	喷雾	2500 倍	7～14
炭疽病	咪鲜胺	50% 可湿性粉剂	喷雾	1500 倍	10
	嘧菌酯	25% 悬浮剂	喷雾	2000 倍	9
叶斑病（图3-33）	嘧菌酯	25% 悬浮剂	喷雾	1500 倍	9
	甲基硫菌灵	70% 可湿性粉剂	喷雾	600 倍	7
病毒病（图3-34～图3-37）	宁南霉素	10% 可溶性粉剂	喷雾	1000 倍	7～10
	氨基寡糖素	2% 水剂	喷雾	300～450 倍	7～10
	菌毒清	5% 水剂	喷雾	250～300 倍	7
叶霉病（图3-38）	苯醚甲环唑	10% 水分散粒剂	喷雾	1000 倍	7～10
	嘧菌酯	25% 悬浮剂	喷雾	1000～2000 倍	9
早疫病（图3-39）	甲霜·锰锌	58% 可湿性粉剂	喷雾	500 倍	2～3
	嘧菌酯	25% 悬浮剂	喷雾	6.0～8.0g/亩	9
晚疫病（图3-40）	霜脲·锰锌	72% 可湿性粉剂	喷雾	600 倍	7
	甲霜·锰锌	58% 可湿性粉剂	喷雾	600 倍	5
青枯病（图3-41）	中生菌素	3% 可溶性粉剂	喷雾	600～800 倍	8
	噻菌酮	20% 悬浮剂	灌根	600 倍	10

防治对象	药剂名称	剂型	施用方式	稀释倍数或用药量	安全间隔期/d
根腐病（图3-42）	烯酰·锰锌	69%可湿性粉剂	灌根	600～800倍	4
	霜脲·锰锌	72%可湿性粉剂	灌根	400倍	7
细菌性溃疡病或髓部坏死病（图3-43、图3-44）	中生菌素	3%可湿性粉剂	喷雾	600倍	8
	波·锰锌	78%可湿性粉剂	喷雾	600倍	7
	氢氧化铜	57.6%水分散粒剂	喷雾	1000倍	3～5
枯萎病（图3-45）	甲基硫菌灵	36%悬浮剂	灌根	500倍	7
	百菌清	75%可湿性粉剂	灌根	800倍	30
菌核病（图3-46）	乙烯菌核利	50%干悬浮剂	喷雾	1500～2000倍	7
	戊唑醇	43%悬浮剂	喷雾	3000～3500倍	14
白绢病（图3-47）	腐霉利	50%可湿性粉剂	喷雾、撒施	1000倍	1
	多菌灵	80%可湿性粉剂	喷雾、撒施	600倍	15
根结线虫病（图3-48）	棉隆	98%颗粒剂	土壤处理	30～40g/m²	
	威百亩	35%水剂	沟施	4～6kg/亩	
蚜虫	吡虫啉	10%可湿性粉剂	喷雾	2000倍	7
	高效氯氟氰菊酯	2.5%可湿性粉剂	喷雾	1500～2000倍	7
白粉虱（图3-49）、烟粉虱	吡虫啉	10%可湿性粉剂	喷雾	2000倍	7
	噻虫嗪	25水分散粒剂	喷雾	1.75～3.75g/kg	7
	噻嗪酮	25%可湿性粉剂	喷雾	2500倍	7
蓟马（图3-50）	多杀菌素	2.5%乳油	喷雾	1000倍	1
	吡虫啉	10%可湿性粉剂	喷雾	2000倍	7
棉铃虫（图3-51）	甲氧虫酰肼	24%悬浮剂	喷雾	20～30mL/亩	7
	阿维菌素	1.8%乳油	喷雾	1000倍	7
螨	炔螨特	73%乳油	喷雾	2000倍	7
	哒螨灵	15%乳油	喷雾	2000～3000倍	10

图3-30 番茄绵疫病

图3-31 番茄灰霉病病果

图3-32 番茄白粉病

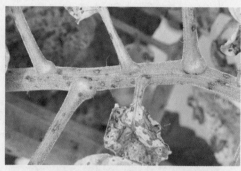

图3-33 番茄灰叶斑病枝条上的病斑

图3-34 番茄花叶病毒病

图3-35 番茄条斑病毒病

图3-36 番茄蕨叶病毒病

图3-37 番茄黄化曲叶病毒病

图3-38 番茄叶霉病叶背发病

图3-39 番茄早疫病病叶

图3-40　番茄晚疫病病叶

图3-41　番茄青枯病田间发病

图3-42　番茄褐色根腐病根部表现

图3-43　番茄溃疡病病果

图3-44　番茄细菌性髓部坏死病

图3-45　番茄枯萎病病株

图3-46　番茄菌核病

图3-47　番茄白绢病菜籽状菌核

图3-48 番茄根结线虫病

图3-49 白粉虱危害番茄

图3-50 蓟马危害番茄果实

图3-51 棉铃虫危害番茄果实

四、黄瓜

1. 春提早黄瓜大棚栽培

春提早黄瓜大棚栽培（图4-1），一般2月上中旬播种，2月下旬至3月上旬定植，4月下旬至6月采收。若采用电热加温线育苗，播期可提早到12月下旬至元月中下旬，通过采用大棚＋小棚＋地膜＋草帘等多层覆盖栽培，可提早到4月上旬上市。

【选择品种】选择适宜密植、耐弱光和高湿的品种，可通过引进或到种业公司的品种展示园选取（图4-2）。

图4-1 黄瓜冬春季大棚套地膜加小拱棚栽培

图4-2 某种业公司田间黄瓜品种展示

【配制营养土】选取近几年未种过瓜类蔬菜的肥沃园土或大田土5份、充分腐熟的猪粪渣3份、炭化谷壳2份，混匀；或用园土与腐熟农家肥按6：4混匀。

营养土消毒，每1000kg苗床土加入68%精甲霜·锰锌水分散粒剂400g和2.5%咯菌腈悬浮剂200mL，拌匀，一起过筛混匀备用。配制好的营养土均匀铺于播种床上，厚度10cm。

【浸种消毒】每亩需种量250~350g，每平方米苗床播种50~70g。浸种可用温汤浸种法或药剂消毒浸种法。如用50%多菌灵可湿性粉剂500倍液浸种1h，或用40%甲醛300倍液浸种1.5h，捞出洗净催芽，可预防枯萎病、黑星病。温汤浸种后晾干再催芽，可预防黑星病、炭疽病、病毒病、菌核病等。

将消毒后的种子浸泡4~6h，捞出沥干后，置于28℃培养箱中催芽后播种。包衣种子直播即可。

【播种】播种后，用消毒后营养土 1.0～1.5cm 盖籽。1m² 苗床再用 50% 多菌灵可湿性粉剂 8g，拌上细土均匀撒于床面上，可防治猝倒病（图4-3）。再在床面上覆盖地膜，70% 幼苗顶土时撤除地膜。

【苗期管理】种子拱土时撒一层过筛床土加快种壳脱落。

播种后 7～10d，幼苗破心后及时分苗。株行距 10cm。最好采用直径 10cm 营养钵分苗（图4-4），或在播种时用营养钵播种，一次成苗。

图4-3　黄瓜猝倒病病苗

图4-4　黄瓜简易营养钵育苗

在苗龄 1 叶 1 心和 2 叶 1 心时，各喷一次 200～300mg/kg 的乙烯利［一般用乙烯利商品制剂 40% 水剂 1 支（10mL）兑水 13.34～20kg］，可促进雌花增多。

加强肥水管理，气温达 15℃ 以上时要勤浇水施肥，不蹲苗，一促到底，中后期可用 0.3% 磷酸二氢钾叶面喷施 3～5 次。

有条件的，可采用商品基质穴盘育苗（图4-5）或漂浮育苗，成苗效果较好。

【扣棚提温】选择地势较高、富含有机质的肥沃土壤，定植前 20d 提早扣棚增温。

【施足基肥】每亩施生石灰 100kg、充分腐熟农家肥 4000～5000kg（或商品有机肥 500～750kg）、饼肥 60kg、复合肥 50kg。

注意：尽量多施农家肥，少施化学肥料，否则土壤易出现盐渍害现象（图4-6），影响黄瓜生长。

图4-5　黄瓜穴盘育苗

图4-6　盐渍害严重的土壤

【整地做畦】不宜与瓜类作物连作（连作地易患枯萎病等土传病害，图4-7），最好选用冬闲大田，定植前10d左右做畦，双行种植，畦宽为1.6m（包沟）；也可单行种植，畦宽1.0m，做成龟背型高畦，畦高30cm。

图4-7　连作地黄瓜枯萎病幼苗枯死至缺窝严重

有条件的可选用功率为1000W的电加温线纵向铺设在定植沟底，若没有，则要在做畦后覆盖地膜以保温。

【定植】当10cm最低土温稳定通过12℃后定植。在长江中下游地区，大中棚套地膜，宜于3月上中旬，有4~5片真叶时，选晴天的上午进行定植。若配置有电加温设施，定植期可提早到2月中下旬。

双行单株种植（图4-8），株距22cm，每亩栽3300~3400株；双株定植，穴距34cm，每亩栽4900~5000株。

窄畦单行单株种植（图4-9），株距18cm，每亩栽3600~3800株；双株定植，穴距28cm，每亩栽4700~4900株。

定苗后浇定根水，盖好小拱棚和大棚膜。

图4-8　双行单株定植

图4-9　单行单株定植

【浇缓苗水】定植3~5d后浇一次缓苗水。

建议：从缓苗水开始，每亩用$1×10^8$CFU/g枯草芽孢杆菌微囊粒剂（太抗枯芽春）500g+$3×10^8$CFU/g哈茨木霉菌可湿性粉剂500g+0.5%几丁聚糖水剂1kg浇灌植株，可促进生根，调理土壤，预防根腐病、枯萎病、青枯病等。后期可每月冲施1次。

建议：缓苗后，可喷施1∶1∶200波尔多液2~3次，每隔7~10d一次，有利于预防多种病害。

【保温】定植后一周内可密闭大棚高温高湿促缓苗，缓苗后可适当降温。

【立架】黄瓜于幼苗4～5片叶开始吐须抽蔓时设立"人"字架（图4-10），大棚栽培也可在正对黄瓜行向的棚架上绑上竹竿纵梁，再将事先剪断好的纤维带按黄瓜栽种的株距均匀悬挂在上端竹竿上，纤维带的下端可直接拴在植株基部处。

建议：喷施75%百菌清可湿性粉剂450倍液预防病害。

【第一、二次浇水追肥】一般在黄瓜抽蔓期和结果初期追施2次0.2%～0.3%的复合肥，每次每亩15～20kg。还可结合叶面喷施1%尿素，加25%嘧菌酯悬浮剂1500倍液预防病害。

【绑蔓】当蔓长15～20cm时引蔓上架，并绑蔓，每隔2～3节绑蔓一次，连续绑蔓4～5次，绑蔓时摘除卷须。也可采用绑蔓枪绑蔓（图4-11）。

图4-10 黄瓜"人"字架

图4-11 用绑蔓枪给黄瓜绑蔓

【整枝】在及时绑蔓的基础上，采取"双株高矮整枝法"。即每穴种双株，其中一株长到12～13节时及时摘心，另一株长到20～25节摘心。如果是采取高密度单株定植，则穴距缩小，高矮株摘心应相隔进行。黄瓜生长后期，要打掉老叶、黄叶和病叶等，以利于通风。

整枝后，可喷施10%苯醚甲环唑悬浮剂1500倍液一次预防病害。

【保湿】缓苗后至根瓜采收前适当灌水，浇2～3次提苗水，保持土壤湿润。

【保花保果】坐瓜期用浓度为100～200mg/kg对氯苯氧乙酸钠（番茄灵）[选用市场上8%的对氯苯氧乙酸钠1包（1g/包）兑水1.25～2.5kg]点花，使用方法是在每一雌花开花后1～2d，用毛笔将稀释液点到当天开放的新鲜雌花的子房或花蕊上，可保花保果。

坐果期，可喷施25%嘧菌酯悬浮剂1500倍液，15d后再喷一次，可预防病害。若有霜霉病等，可用68%精甲霜·锰锌水分散粒剂500倍液喷雾防治。并注意细菌性角斑病等常发性病害的发生与防治。

【后期浇水追肥】结果盛期结合灌水在两行之间再追2～3次人粪尿，每次每亩约1500kg（注意地湿时不可施用人粪尿），或追施复合肥5kg。最好用大量元素水溶肥进行追肥，平衡型和高钾型交替使用。

采收期，应勤浇多浇，保持土壤高度湿润，每隔3d左右浇一次壮瓜水。

后期应注意追肥，防止脱肥导致出现弯瓜等畸形瓜（图4-12、图4-13）。

图4-12　弯曲瓜　　　　　图4-13　大肚瓜

【叶面喷施中微量元素肥料】黄瓜生长中后期易出现缺钙、镁、硼等中微量元素现象（图4-14、图4-15），应结合防病治虫补施中微量元素肥料，生产上可以通过喷施靓丰素、硼钙等叶面肥来缓解，同时注意冲施海藻酸、甲壳素等生根剂养根。

图4-14　黄瓜缺钙叶片　　　　　图4-15　黄瓜叶片缺镁

【通风防高温】中后期要防止高温危害。一是利用灌水增加棚内湿度；二是在大棚两侧掀膜放底风，并结合折转天膜换气通风。

【采收】适时早采摘根瓜（图4-16）；及时分批采收（图4-17）。将残枝败叶和杂草清理干净，集中进行无害化处理，保持田间清洁。

图4-16　根瓜　　　　　图4-17　普通黄瓜果实

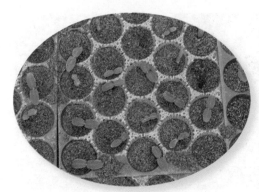

图4-18 黄瓜穴盘育苗

春黄瓜大棚栽培除营养土育苗外，还可采用工厂化穴盘育苗（图4-18），其技术要点如下：

【种子处理】晒种2～3h（避免在烈日下暴晒），将种子在温水中浸泡2h，浸好后沥干水分待播。

【选择穴盘】采用规格为26cm×52cm的72孔穴盘，每一苗床横向排列3排。穴盘用50%多菌灵可湿性粉剂600倍液浸泡2～3h消毒后备用。

【选择基质】选用瓜果蔬菜专用育苗基质。

【基质装盘】将基质倒出，每50kg基质加50g的50%多菌灵可湿性粉剂，混匀，加水搅拌均匀，达到手握成团、手指间有少量水滴但不落下为准。基质填满穴盘，相互叠加，垂直轻压，并用木板将盘口刮平，露出方格，便于播种。

【播种】在每个穴盘方格的中央打一深1.5cm的孔，然后用镊子将浸种后的黄瓜种子点播其中，每穴播1粒，用专用盖籽土盖籽。

【播后管理】

（a）温度管理　播种至出苗阶段以促为主，高温高湿促出苗；子叶出土到破心（子叶展平，第1真叶显露）适当降低温度；定植前1周，应加强通风，降温炼苗。

图4-19 黄瓜浇水过多导致徒长苗

（b）光照管理　育苗穴盘应尽量多见光。

（c）肥水管理　黄瓜穴盘育苗周期短，一般不需追肥。黄瓜穴盘基质育苗水分蒸发量大，应及时适量补水，但又要防止水分过多，以免导致苗子徒长（图4-19）。一般选晴天中午进行浇灌，子叶出土至破心阶段每4～5d浇1次水，以后每隔2d浇1次水。

【病虫防治】苗期病害主要是猝倒病，应加强苗床管理，设法提高温度，降低湿度。苗床内发现个别幼苗染病，要及时拔除病苗，并喷洒50%异菌脲可湿性粉剂600～800倍液，或75%百菌清可湿性粉剂700～800倍液，或25%甲霜灵可湿性粉剂700～800倍液。

▰▰▰ 2.春露地黄瓜栽培 ▰▰▰

黄瓜春季露地栽培（图4-20）上市期接早春大棚设施栽培，投入少，产量高，效益也非常可观。多采用塑料大、中棚或小拱棚于2月中下旬至3月初播种育苗，

3月下旬至4月终霜后定植于露地，多采用地膜覆盖栽培，5~7月上市。

【选择品种】选择苗期耐低温、瓜码密、雌花节位低、节成性好、生长势强、抗病、较早熟的品种。

【育苗移栽】露地黄瓜播种期应在当地断霜前35~40d育苗，长江流域一般在2月中下旬至3月初育苗。育苗前期低温，后期温暖，要加强农膜和不透明覆盖物的管理。

一般不施肥水，发现秧苗较弱时，可叶面喷雾0.1%尿素及0.1%磷酸二氢钾1~2次。

图4-20　早春黄瓜露地地膜覆盖栽培

【施足基肥】耕深25~30cm，结合翻耕施基肥。一般每亩施优质腐熟农家肥5000kg（或商品有机肥600kg）、饼肥100kg、复合肥40kg（或过磷酸钙40~50kg）。

【整地做畦】耙平，做成宽1.2~1.3m的高畦。

【定植】应在10cm地温稳定在13℃以上时，选寒尾暖头的晴天定植。在长江流域定植期一般为3月下旬至4月。株距20~25cm，一垄双行，每亩栽3500~4000株。

移苗要带坨，栽植不宜过深，栽后立即浇水，3d后补浇小水，促进缓苗。

【浇缓苗水】定植后5d左右浇缓苗水，然后封沟平畦，中耕松土保墒。

建议：从缓苗水开始，每亩用$1×10^8$CFU/g枯草芽孢杆菌微囊粒剂（太抗枯芽春）500g+$3×10^8$CFU/g哈茨木霉菌可湿性粉剂500g+0.5%几丁聚糖水剂1kg浇灌植株，后期可每月冲施1次。

【中耕保墒】从黄瓜缓苗后到根瓜坐住，应控水蹲苗，主要以多次中耕松土保墒。出现干旱时也应中耕保墒。出现雨涝时应及时排水、中耕松土。开花前采取细锄深松土，至根瓜坐住期间要粗锄浅松土，结果盛期以锄草为主。一般要中耕3~4次。

建议：缓苗后，可喷施1∶1∶200波尔多液2~3次，每隔7~10d一次，有利于预防多种病害。

【搭架整枝】

（a）搭架　一般在蔓长25cm左右不能直立生长时，开始搭架、绑蔓。

搭架所用架材不宜过低，一般用2.0~2.5m长的竹竿，每株插一竿，呈"人"字形花架搭设，插在离瓜秧约8cm远的畦埂一面。

（b）绑蔓　第一次绑蔓一般在第四片真叶展开甩蔓时进行，以后每长3~4片真叶绑一次。第一次绑蔓可顺蔓直绑，以后绑蔓应绑在瓜下1~2节处。绑蔓最好在午后茎蔓发软时进行。瓜蔓在架上要分布均匀，采用"S"形弯曲向上绑蔓（图4-21）。

图4-21 给黄瓜绑蔓

【第一次浇水追肥】根瓜坐住后结合浇水第一次追肥，双行栽植的可在行间开沟，小畦单行栽植的可在小畦埂两侧开沟追肥，一般每亩施腐熟细大粪干或细鸡粪500kg，与沟土混合后再封沟，也可在畦内撒施100kg草木灰，施后进行划锄、踩实，然后浇水。

【打顶摘心】当蔓长到架顶时要及时打顶摘心。以主蔓结瓜为主的品种，要将根瓜以下的侧蔓及时抹去。主、侧蔓均结瓜的品种，侧蔓上见瓜后，可在瓜的上方留2片叶子打顶。在每次绑蔓时顺手摘掉黄瓜卷须。

【采收】根瓜易畸形，商品性不高，要及时采收。

黄瓜以嫩瓜供食，当种子和表皮尚未硬化时（食用成熟度）适时采收。黄瓜连续结果，应不断采收。

【浇水保湿】根瓜采收后要加强浇水，但应小水勤浇，保持地面见干见湿即可，一般每5～7d浇一次水。

【结果期浇水追肥】根据植株长势及时追肥，在结果盛期少施勤施，一般7～8d追肥一次，每亩追施硫酸氢铵10kg左右或腐熟人粪尿300kg左右。

后期可结合灌根防病施用海藻酸类或甲壳素类水溶肥（图4-22），促根生长，防止早衰。

【摘叶】当黄瓜进入结瓜盛期后，可摘除下部的黄叶、老叶及病叶，并携出田外集中烧毁。摘叶时要在叶柄1～2cm处剪断。

【浇水保湿】结果盛期需水较多，应每隔3～5d浇一次水，浇水量相对较大，防止忽干忽湿导致裂瓜（图4-23）等现象发生。

图4-22 黄瓜灌海藻酸防病促根

图4-23 黄瓜裂瓜

【结果后期浇水追肥】结果后期，适当减少浇水量。为了防止植株脱肥，还可喷施叶面肥料。

3. 夏秋黄瓜露地栽培

夏秋黄瓜露地栽培，秋淡上市，生产成本低，种植技术简单，无风险，经济效益也较好。

【选择品种】5月上中旬至6月下旬播种的，有的称为"夏黄瓜"，选用植株长势强、抗病、耐热、耐涝、丰产的品种。

在7月上中旬直播或育苗移栽的，有的称为"秋黄瓜"，应选用适应性强、苗期较耐高温、结瓜期较耐低温、抗病性较强的品种。

【施基肥】选择能灌能排、透气性好的壤土。基肥应多施腐熟的圈肥、堆肥或粉碎的作物秸秆，一般每亩施腐熟农家肥5000～7500kg（或商品有机肥600～800kg）作基肥，条施饼肥100kg、过磷酸钙50kg。

【整地做畦】精细整地，做成1.2～1.5cm宽高畦或半高畦。

【直播】采用浸种催芽播种比干籽点播好（图4-24），在高畦两边用小锄各开10～12cm宽、10～15cm深的小沟，沟内灌足水，待水将要渗完时，将催好芽的种子，按株距25cm点播2粒，覆湿土，然后耧平。

若是雨涝天，宜播种后盖沙。播种后遇雨，应用铁锄划松畦面。

【苗期管理】

（a）中耕除草　直播苗在幼苗出土后抓紧中耕松土。幼苗表现缺水时，及时浇水，配合浇水追施少量提苗肥。雨后地面稍干时，要及时中耕松土和除草。

（b）苗期追肥　应在雨前或浇水前进行，每亩施复合肥10～15kg。如雨水过多，幼苗表现黄瘦，可结合田间喷药根外追施0.3%～0.5%的尿素，7～10d一次。

（c）温度管理　出苗后，采取覆草（稻草、麦秸等）措施，晴天可使10cm下地温降低1～2℃，阴天降低0.5～1.0℃，并能防止土壤板结，减少松土用工。有条件的，还可在架顶覆盖遮阳网（图4-25）或防虫网，能遮光降温，阻隔害虫。

图4-24　黄瓜直播栽培

图4-25　夏秋黄瓜遮阴栽培

【搭架绑蔓】当黄瓜苗长至7～8片叶时，及时插架，插架应插篱笆花架。及时绑蔓，下部侧蔓一般不留，中上部侧蔓可酌情多留几叶再摘心。

建议: 从搭架绑蔓开始,可喷施 1:1:200 波尔多液 2~3 次,每隔 7~10d 一次,有利于预防多种病害。

【浇水管理】夏秋露地气温高,应注意增加浇水次数,但每次灌水量不宜太大,浇水要在清晨或傍晚进行,最好浇井水,灌水的比未灌的 10cm 地温可降低 5~7℃。

下过热雨后要及时排水,并立即用井水冲灌一遍,俗称"涝浇园"。

【第一次浇水追肥】根瓜坐瓜后,每亩撒施大粪干或腐熟鸡粪 400~500kg,然后中耕。

【摘叶】及时打去下部老叶及病叶。此外,夏秋灌水多,易生杂草,应注意及时拔除。

【第二次追肥】根瓜采收后,以后每采收 2~3 次追一次肥,每次每亩施 20kg 硫酸铵或 500kg 人粪尿。

【病害防治】夏季温度高,湿度大,要注意防治霜霉病、疫病和土传病害。

▪▪▪ 4.秋延迟黄瓜大棚栽培 ▪▪▪

秋延迟黄瓜大棚栽培,于 7 月中旬至 8 月上旬播种,8 月上旬至 8 月下旬定植,9 月中旬至 11 月下旬应市。

【选择品种】选择前期耐高温后期耐低温、雌花分化能力强、长势好、抗病力强、产量高、品质好的品种。

【选择播期】长江流域宜于 7 月中旬至 8 月上旬播种。每亩用种量 200g。注意播种期不要太迟,否则达不到理想产量。

【种子处理】秋延迟黄瓜可以直播,但最好采用育苗移植的形式,一般不采用嫁接苗。将种子用温汤浸种消毒后,置于 28~30℃ 条件下催芽,当种子 80% 露白时播种。

【播种】播种床铺 8~10cm 厚的过筛河沙,耙平,浇透水,把黄瓜籽均匀撒播在沙上,稀播匀播,用扫把轻扫 1 遍,使种子均匀入土。再盖上 2cm 厚的细沙,盖住种子,然后浮面覆盖遮阳网。

【苗期管理】

(a) 乙烯利处理 育苗期间,必须用乙烯利处理,即在幼苗 1.5~2 片真叶展开时,喷 100mg/kg 乙烯利,7d 后再喷一次。喷施宜在午后 3~4 时进行,喷后及时浇水。

(b) 病害防治 幼苗期高温多湿,易发生霜霉病和疫病,应在黄瓜出苗后每 10d 灌一次 50% 甲霜灵可湿性粉剂 600~800 倍液。

(c) 浇水管理 苗期要保持畦面见干见湿。移栽前苗圃浇透水,带土移栽。

(d) 防虫 在棚内挂黄板(图 4-26),棚外安装杀虫灯,可起到良好的防虫效果。

有条件的，可采用穴盘育苗。

【施足基肥】移栽前 10d 每亩施生石灰 100kg 并深翻入土，烤晒过白；移栽前 5～7d 施基肥，一般每亩施用腐熟农家肥 5000kg（或商品有机肥 600kg）、复合肥 80kg、过磷酸钙 30～50kg。

【土壤消毒】在施基肥的同时，喷洒 1.5kg 50% 多菌灵可湿性粉剂或 50% 甲基硫菌灵可湿性粉剂进行土壤消毒。

图4-26　黄瓜栽培张挂黄板诱蚜效果图

【整地做畦】施肥后灌水，待土壤干湿适宜时翻地，整平后起垄，畦宽 1.2m，沟深 0.3m，沟宽 0.3～0.4m。然后盖好遮阳网，装好防虫网待定植。

【定植】选择生长健壮、大小一致的秧苗，每畦 2 行，每穴 1 株，株距 0.3m，行距 0.8m，每亩栽植 3000 株。定植深度以苗坨面与垄面相平为宜，不宜过深。

【通风降温】结瓜前期气温高，应将棚四周的薄膜卷起，只留棚体顶部薄膜，进行大通风，白天棚内温度控制在 25～30℃，夜间温度保持在 18℃左右，湿度保持在 60%～80%。及时中耕划锄，降低土壤湿度。

建议：缓苗后，可喷施 1：1：200 波尔多液 2～3 次，每隔 7～10d 一次，有利于预防多种病害。

【控水施肥】定植后至插架前应防止秧苗徒长，控制浇水，少灌水或灌小水，少施氮肥，增施磷、钾肥，或根外追施 0.2% 磷酸二氢钾液 2～3 次。

【中耕松土】从定植到坐瓜，一般中耕松土 3 次，根瓜坐住后不用再中耕。

【插架前浇水追肥】插架前可进行一次追肥，每亩施腐熟人粪尿 500kg 或腐熟粪干 300kg。追肥后灌水。

【插架绑蔓】及时上架和绑蔓，可采用尼龙绳吊蔓法吊蔓（图 4-27）。

【采收】适时早采根瓜。盛瓜期可根据坐瓜情况及时采收，一般每天采 1 次。进入 10 月份后，温度降低，每 2～3d 采 1 次，尽早摘除畸形瓜。

【摘心】当植株高度接近棚顶时打顶摘心。一般在侧蔓上留 2 片叶 1 条瓜后摘心。

【盛瓜期浇水追肥】进入盛瓜期，一般追肥 2～3 次，每次每亩用尿素 10kg 或腐熟

图4-27　大棚黄瓜用尼龙绳吊蔓

人粪尿 500～750kg，随水冲施。

【培土】盛瓜期及后期应适当培土。

【扣棚保温】结瓜盛期，当白天气温下降到 20℃，夜间最低温度低于 15℃时要及时扣棚。

覆盖棚膜前，可先喷施 50% 多菌灵可湿性粉剂 800 倍液防治霜霉病。覆膜初期不要盖严，根据气温变化合理通风，调节棚内温度，白天棚内温度宜保持在 25～30℃，夜间 13～15℃。当最低温度低于 13℃时，夜间要关闭通风口。

【多层保温】结瓜后期要加强保温管理。

【叶面施肥】结合防病喷药，喷施 0.2% 尿素和 0.2% 磷酸二氢钾溶液 2～3 次。

【浇水保湿】温度高时浇水可隔 4d 浇一次，后期温度低时可隔 5～6d 浇一次，10 月下旬后隔 7～8d 浇一次。

【后期追肥】11 月份如遇连阴天，光照弱时，可用 0.1% 硼酸溶液叶面喷洒。

【落架】棚内最低温度降至 10℃时，可采取落架管理，即去掉支架，将茎蔓落下来，并在棚内加盖小拱棚，夜间再加盖草苫保温。

附：大棚秋延后栽培育苗方法还可以采用穴盘育苗或营养钵育苗的方法。除了育苗移栽，还可以采用露地直播的方法。

▦ 5. 水果型黄瓜常规栽培 ▦

【确定播期】水果型黄瓜（图 4-28）适宜在大棚内栽培生长。早春塑料大棚栽培，1 月下旬至 2 月上旬播种，苗龄 30d 左右。早秋大棚栽培，可于 7 月中下旬播种，苗龄 25d 左右。

图4-28　水果型黄瓜

【培育壮苗】种子用温汤浸种后，再在 10% 浓度的磷酸三钠溶液中浸种 20～30min，捞出沥干后，用布包好置 25～30℃下催芽。

最好采用塑料穴盘或营养钵育苗，营养土按每立方米加 50% 多菌灵可湿性粉剂 100g 消毒。

幼苗出土时保持较高温度，苗齐后适当降温，定植前 7d 降温炼苗。

【施肥定植】每亩施腐熟农家肥 3000kg 以上（或商品有机肥 300kg）。整地成 25cm 高畦，铺上银灰色地膜，按行距 80～100cm、株距 30～40cm 定植，每亩栽 2000～2500 株。

【浇水】小水勤浇，结瓜采瓜期保证水分均衡供应，忌大水漫灌。

建议：缓苗后，可喷施 1∶1∶200 波尔多液 2～3 次，每隔 7～10d 一次，有利于预防多种病害。

【追肥】采瓜期开始追肥，每隔 15d 一次（滴灌 5～7d 一次），少施勤施，每次每亩施三元复合肥 15kg，还可叶面喷施 0.3% 磷酸二氢钾加 0.5% 尿素，效果较好。

【留瓜】去掉 1～5 节位的幼瓜，从第六节开始留瓜。

【植株调整】用银灰色塑料绳吊蔓，及时引蔓、去老叶，加强棚内光照、温度、湿度的调节。

⸬ 6. 水果黄瓜大棚避雨越夏栽培 ⸬

水果黄瓜采用大棚越夏避雨栽培技术，产品抢在春提早和秋延后栽培黄瓜的市场空档期上市。

【选择品种】选用抗病、耐热、品质和商品性俱佳的品种。

【确定播期】一般 6～8 月均可播种，尽量早播。

【浸种催芽】种子温汤浸种。或用 50% 多菌灵可湿性粉剂 500 倍液浸种 2h，或用 50% 多菌灵可湿性粉剂按种子质量的 0.4% 拌种。

将处理过的种子晾干，用湿纱布包好，四周裹上拧干的湿毛巾，置于 30℃ 左右处催芽。半数种子露白后即可播种。

【播种】播前苗床浇透水，使基质渗透，如使用穴盘育苗，每穴播 1 粒种子。用苗床育苗，播种应均匀撒播。播后用 1cm 厚基质盖籽，再覆盖一层塑料薄膜保湿，当 50% 幼苗破土时，揭除覆盖物。

最好搭建高度在 1m 以上的育苗棚，上盖一层遮阳网，降雨前再加盖一层防雨膜。

【苗期管理】出苗后第一片真叶出现前，要尽量降低夜温，防止长成高脚苗。浇水以控为主，不干不浇，但高温烈日天气需坚持每天补水 1 次。

遮阳网于 9:00 覆盖，16:00 揭开。定植前，幼苗 2 片真叶时可逐步揭开遮阳网增加光照进行炼苗。

苗期一般不用补肥。如果幼苗淡绿、细弱，可用温水将磷酸二氢钾和尿素按照 1:1 比例配制成 0.5% 的溶液喷施 2 次，间隔期 3d 以上。

【整地施肥】结合整地，每亩施充分腐熟农家肥 5000kg（或商品有机肥 600kg）、过磷酸钙 30kg、钾肥 15kg。做成 1.0～1.2m 宽小高畦，中央开沟条施优质三元复合肥 50kg，覆盖地膜，有条件的可膜下安装滴灌软管。

【适时定植】苗龄 25d，幼苗 2～4 片真叶时，按行距 60cm、株距 30cm 定植，每亩栽 3200 株左右。

【遮阴降温】整个生长期保留大棚顶膜，可避雨防病。高温季节，晴天的 9:00～16:00 需外加一层遮阳网降温，以防高温危害。

有条件的可用稻草覆盖畦面或畦沟，厚度约 3～5cm，有利于降低地温。

【浇定根水】定植后立即浇定根水。

【浇缓苗水】定植 3～4d 后浇一次缓苗水，同时进行中耕，深度为 3～5cm。夏天水分蒸发快，要根据植株长势和土壤墒情适时浇水。

建议：从缓苗水开始，每亩用 $1×10^8$ CFU/g 枯草芽孢杆菌微囊粒剂（太抗枯芽春）500g+$3×10^8$ CFU/g 哈茨木霉菌可湿性粉剂 500g+0.5% 几丁聚糖水剂 1kg 浇灌植株，可促进生根。

【吊蔓】采用塑料绳进行吊蔓（图 4-29）。

建议：从吊蔓期开始，可喷施 1∶1∶200 波尔多液 2～3 次，每隔 7～10d 一次，有利于预防多种病害。

【第一次浇水追肥】根瓜去除后及时浇水追肥，可施用水溶性速效肥，每亩每次施 4～5kg。

【整枝打杈】吊蔓栽培适宜采取主蔓结瓜，在整个生长过程中应及时除去所有分枝。

【采收】夏季黄瓜在开花后 5～7d 即达到商品采收期，前期隔天采收，盛瓜期可每天采收。

采收宜在 8:00 前进行。

【盛瓜期后浇水追肥】浇水要勤，一般视天气情况，每 7～10d 浇水追肥一次，浇水宜在傍晚或早晨进行。

【落蔓】当植株生长点接近棚顶时进行落蔓。落蔓应选择在晴天午后进行，落蔓前要去除老叶、病叶，将吊绳顺势落于地面，使茎蔓沿同一方向盘绕于畦的两侧（图 4-30），一般每次落蔓长的 1/4～1/3，保持有叶茎节距地面 15cm，功能叶 15～20 片。

【生长中后期浇水追肥】随着植株长势逐步减弱，需喷施 0.2%～0.3% 磷酸二氢钾溶液进行根外施肥。

图4-29　水果黄瓜吊蔓栽培

图4-30　黄瓜落蔓

【留瓜】及时摘除第五节以下的幼果。早期植株生长旺盛，可以按照 1 节 1 瓜或 5 节 4 瓜的方式留瓜。随着植株长势逐渐衰弱，应适当减少留瓜数量，可按照 4 节 3 瓜或 5 节 3 瓜的比例留瓜。

【病虫害防治】虫害主要有蚜虫、瓜绢螟、烟粉虱等，病害主要有霜霉病、白粉病、细菌性角斑病等，重点防治病毒病，应做到预防为主，早防早治。

7. 黄瓜主要病虫害防治安全用药

防治对象	药剂名称	剂型	施用方式	稀释倍数或用药量	安全间隔期/d
猝倒病、立枯病	霜霉威盐酸盐	72.2%水剂	喷雾	600 倍	3
	噁霉灵	15%水剂	喷雾	450 倍	7
灰霉病（图4-31）	腐霉利	50%可湿性粉剂	喷雾	1500 倍	13
	嘧霉胺	40%悬浮剂	喷雾	800～1000 倍	7
白粉病（图4-32）	嘧菌酯	25%悬浮剂	喷雾	1500 倍	1
	乙嘧酚	25%悬浮剂	喷雾	1000 倍	7
炭疽病（图4-33）	吡唑醚菌酯	60%水分散粒剂	喷雾	500 倍	7～14
	苯醚甲环唑	10%水分散粒剂	喷雾	1500 倍	7～10
叶斑病（图4-34）	嘧霉胺	40%悬浮剂	喷雾	500 倍	3
	氟硅唑	40%乳油	喷雾	8000 倍	7～10
病毒病（图4-35）	氨基寡糖素	2%水剂	喷雾	300～450 倍	3～7
	菌毒清	5%水剂	喷雾	250～300 倍	7
霜霉病（图4-36）	烯酰吗啉	50%可湿性粉剂	喷雾	2500 倍	10
	霜霉威盐酸盐	72.2%水剂	喷雾	800 倍	3
黑星病（图4-37）	苯醚甲环唑	10%水分散粒剂	喷雾	6000 倍	7～10
	氟硅唑	40%乳油	喷雾	8000～10000 倍	7～10
蔓枯病（图4-38）	甲基硫菌灵	70%可湿性粉剂	喷雾	600～800 倍	15
	苯醚甲环唑	10%水分散粒剂	喷雾	1500 倍	7～10
枯萎病（图4-39）、根腐病	枯草芽孢杆菌	10亿芽孢/g可湿性粉剂	灌根	1000 倍	
	噁霉灵	30%水剂	灌根	600～800 倍	7
	甲基硫菌灵	50%可湿性粉剂	灌根	500 倍	15
细菌性角斑病（图4-40）	中生菌素	3%可湿性粉剂	喷雾	600 倍	3
	氢氧化铜	77%可湿性粉剂	喷雾	800 倍	3
菌核病（图4-41）	乙烯菌核利	50%可湿性粉剂	喷雾	1000 倍	7
	异菌脲	50%可湿性粉剂	喷雾	800～1000 倍	7

防治对象	药剂名称	剂型	施用方式	稀释倍数或用药量	安全间隔期/d
根结线虫病（图4-42）	棉隆	98%颗粒剂	土壤处理	30～40g/m²	
	威百亩	35%水剂	沟施	4～6kg/亩	
瓜蚜（图4-43）	吡虫啉	10%可湿性粉剂	喷雾	2500倍	30
	高效氯氟氰菊酯	2.5%可湿性粉剂	喷雾	1500～2000倍	7
白粉虱（图4-44）	吡虫啉	70%可湿性粉剂	喷雾	25000倍	30
	啶虫脒	3%乳油	喷雾	1500倍	1
蓟马（图4-45）	多杀菌素	5%乳油	喷雾	1000～1500倍	14
	吡虫啉	70%可湿性粉剂	喷雾	25000倍	30
螨	炔螨特	73%乳油	喷雾	2000倍	7
	哒螨灵	15%乳油	喷雾	2000～3000倍	1
黄守瓜（图4-46）	敌百虫	90%晶体	灌根	1500～2000倍	7
	辛硫磷	50%乳油	灌根	1000～1500倍	6
瓜绢螟（图4-47）	茚虫威	15%悬浮剂	喷雾	3500倍	14
	甲氧虫酰肼	24%悬浮剂	喷雾	1500倍	15

图4-31　黄瓜灰霉病

图4-32　黄瓜白粉病

图4-33　黄瓜炭疽病病叶后期穿孔

图4-34　黄瓜叶斑病

图4-35　黄瓜病毒病

图4-36　黄瓜霜霉病

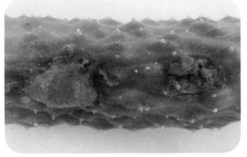

图4-37　黄瓜黑星病

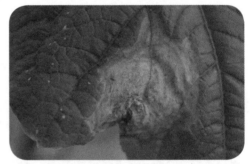

图4-38　黄瓜蔓枯病叶缘向内的近圆形病斑

图4-39　黄瓜枯萎病瓜蔓基部流胶

图4-40　黄瓜细菌性角斑病

图4-41　黄瓜菌核病发病瓜条

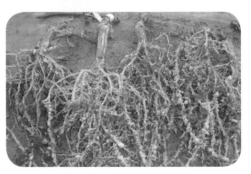

图4-42　黄瓜根结线虫病

图4-43　瓜蚜

图4-44　白粉虱

图4-45　蓟马危害黄瓜瓜条状

图4-46　黄足黄守瓜危害黄瓜叶片

图4-47　瓜绢螟幼虫危害黄瓜叶片

五、丝瓜

1. 丝瓜大棚早春栽培

【选择品种】丝瓜大棚早春栽培（图5-1）宜选择耐寒性较强、第一雌花节位低、雌花率高、果实发育快、商品性极佳的早熟品种，如早佳、白玉（图5-2）、兴蔬运佳等。

图5-1 丝瓜大棚早春栽培

图5-2 白玉丝瓜

【选择播期】在长江中下游地区1月底至2月上中旬播种，3月上中旬定植。

【配制营养土】选用3年以上未种过瓜类蔬菜的肥沃菜园土1份、人畜粪或厩肥1份、炭化谷壳或草木灰1份，拌和堆置腐熟发酵。

来不及发酵的可在营养土堆置后用甲醛处理，每100g甲醛稀释100倍可处理400～500kg营养土。

【种子处理】

（a）方法一　用50～55℃热水加0.1%的高锰酸钾浸种15～20min，不断搅拌，洗净后催芽或直播。

（b）方法二　用35～40℃的温水浸种8～10h，再用50%多菌灵胶悬剂和50%甲基硫菌灵胶悬剂各10mL，加水1.5kg，浸种20～30min，清水冲洗2～3遍后催芽或直接播种。

【催芽】将消毒浸泡处理好的种子用湿纱布包好，置于30～35℃温度下催芽，

2～3d 后，芽长 1.5cm 时播种（图 5-3）。

【播种】采用大棚内加盖小拱棚育苗。播种时先打透底水，再铺 5cm 厚的消毒营养土，然后播种，播后盖过筛细土 1cm 厚，薄洒一层水后盖上地膜，出苗后将地膜揭开起拱。

也可采用营养钵育苗（图 5-4），首先装入大半钵营养土，再将催芽种子播入，然后将钵放在铺有地膜的苗床上，上盖地膜和小拱棚保温，出苗后揭开地膜起拱，不需分苗。

图5-3　催芽后的准备播种的丝瓜种子

图5-4　丝瓜采用营养钵育苗一次成苗

【苗期管理】播发芽籽 2～3d 可出苗，播湿籽的需 15～25d 出苗。1 叶 1 心时分苗，每钵 1 株，分苗后浇定根水，盖小拱棚增温保湿促缓苗。

定植前 7d 应开始炼苗，床温降到 10～12℃。幼苗长出 3～4 片真叶时定植（图 5-5）。

目前，蔬菜合作社或大型丝瓜基地均采用穴盘基质育苗（图 5-6）。

图5-5　适宜定植的丝瓜营养钵苗

图5-6　丝瓜穴盘基质育苗

【整地施肥】

（a）整地前，深翻耙碎，每亩施腐熟有机肥 1000kg 左右，充分混匀。

（b）整平起畦，畦宽 2m，沟宽 30～40cm，畦高 20～30cm。

（c）起畦后，在畦中央开沟施基肥，每亩施腐熟有机肥 1500kg、过磷酸钙 30kg、草木灰 100kg（或硫酸钾 30kg），施后覆土，浇足底水，盖膜升温。

【定植】3 月上中旬选冷尾暖头的下午定植（图5-7），每畦 2 行，每穴 1 株，株距 40～50cm，每亩定植 1200 株。浇足定根水，盖好小拱棚（图5-8）和大棚膜。

图5-7　将穴盘苗或营养钵苗移栽至定植穴

图5-8　小拱棚加地膜覆盖

【闭棚保温】定植后 5～7d，闭棚促缓苗。

【保温防冻】缓苗后，3 月底前，注意保温防冻，夜晚加盖遮阳网，白天适当通风。

【控水炼苗】前期少追肥，容器苗定植后即可在浇定植水时掺入稀薄人粪尿。控制水分，需要淋水时，应在晴天中午进行。

【适当降温】4 月底前，应注意夜间保温，白天降温。

【看苗提苗】缓苗后，每隔 7～10d 追肥一次，一般前期人粪尿的浓度在 10% 左右，之后提到 20% 左右。

【撤小拱棚】4 月中旬左右，可撤除小拱棚。

【搭架引蔓】采用篱垣架，4 月中旬小拱棚撤除后搭架引蔓。上架前将侧蔓全部摘除，上架后，一般不摘除侧蔓，但当瓜蔓过密时应适当摘除部分瘦弱蔓。

【保花保果】开花时可用 25～50mg/kg 对氯苯氧乙酸钠涂花。

【施坐瓜肥】坐瓜后，人粪尿浓度加大到 30%～50%，也可用 0.2% 复合肥或 0.2% 磷酸二氢钾叶面追肥。采收 1～2 次追肥一次。

【通风降温】5 月以通风降温排湿为主，上午棚温达到 30℃时开始通风，下午棚温降至 25℃时停止通风。

【撤除棚膜】5 月下旬，撤除棚膜。

【保湿防涝】开花结果期后，保持土壤相对湿度 80%～90%，3～5d 沟灌一次，防止裂瓜现象（图5-9），有条件的可用喷灌或滴灌，浇灌水均宜在早晨或傍晚进行。

图5-9　浇水不均导致的丝瓜裂瓜

注意：雨天排除田间积水。

【盛瓜期追肥】盛瓜期及时追肥，防止营养不良导致弯瓜等畸形瓜（图5-10）。一般离植株根部15cm左右处每亩点施草木灰50～100kg或硫酸钾5～10kg。

【摘叶去雄】生长中后期，摘除下部老叶、黄叶，以及多余卷须、雄花（图5-11）。

图5-10　丝瓜畸形瓜

图5-11　丝瓜雄花过多应打掉部分

若幼瓜已卷曲，可在其下方吊一个约40～50g重的小泥坨（图5-12）。

【及时采收】待丝瓜具本品种商品性时及时以嫩瓜采收上市，采摘时，最好用剪刀剪，轻拿轻放。丝瓜单瓜用泡沫网套套住（图5-13），有利于保护瓜条不受损坏。

图5-12　丝瓜吊泥坨拉直

图5-13　丝瓜单瓜用泡沫网套套住

▪▪▪ 2. 丝瓜露地高产栽培 ▪▪▪

【选择品种】丝瓜露地栽培（图5-14）应根据当地习惯，选用优质、高产、抗病虫、抗逆性强、适应性强、商品性好的品种，如早佳、兴蔬运佳、益阳白丝瓜（图5-15）。

【播种育苗】一般应于3月上旬浸种催芽后播种，4月上旬地膜覆盖定植。育苗技术可参考大棚早春栽培。

作越夏、越秋淡季栽培，播种期可延至4月。

图5-14 丝瓜露地栽培

图5-15 益阳白丝瓜

【整地施肥】选择土质肥沃、排灌方便的地块。定植前每亩撒施充分腐熟农家肥1000～2500kg（或商品有机肥150～300kg）、磷酸二铵30kg，深翻细耙，做1.5～1.6m宽平畦，有条件的可覆盖地膜，地膜仅覆盖丝瓜种植行（图5-16）。在做畦的同时应再沟施过磷酸钙50kg作基肥。

图5-16 丝瓜露地栽培整地施肥、做畦、盖膜效果图示

【定植】抢晴天及时定植，地膜覆盖栽培时，可用打孔器打孔（图5-17），株距30cm，行距80～100cm，每穴2～3株，每亩栽250～350穴，定植后可用干细土或土杂肥盖好定植穴（图5-18）。

图5-17 地膜覆盖栽培用打孔器打孔

图5-18 定植后用土杂肥封定植穴

【浇定根水】定植后，浇足定根水（图5-19）。

【浇缓苗水】定植5～7d后浇缓苗水。

【中耕蹲苗】开花坐瓜前，适当控水蹲苗，适时中耕。必须浇水时，应选晴天中午前后进行。

【引蔓绑蔓】

（a）搭架 蔓长30～50cm时及时搭架，多用杉树尾作桩，用草绳交叉连接引蔓，也可用竹竿搭"人"字形篱笆架或平棚架（图5-20）。

图5-19 定植后浇定根水

图5-20 丝瓜搭架地膜覆盖栽培

（b）绑蔓理蔓 爬蔓后，每隔2～3d要及时绑蔓理蔓，松紧要适度。绑蔓可采用"之"字形上引。

【保湿防涝】开花结果期应确保水分的供应，但遇雨天应排水防涝。干旱季节每10～15d灌水一次，保持土壤湿润。

【人工授粉】植株留足一定的雄花量，授粉时间以早上8～10时为好，授粉前，要检查当天雄花有无花粉粒，雌雄授粉配比量一般要在1：1以上。

【除侧蔓】上架后一般不摘除侧蔓，但若侧蔓过多，可适当摘除。

【看苗施肥】第一雌花出现至头轮瓜采收阶段，在施足基肥的基础上，以控为主，看苗施肥。

【盘蔓压蔓】晚春、早夏直播的蔓叶生长旺盛，常会徒长，需盘蔓、压蔓，在瓜蔓长50cm左右时培土压蔓一次，瓜蔓长70cm左右时再培土压蔓一次，将蔓盘曲在畦面上，摘除侧蔓。

【摘卷须、去雄花】在整枝的同时要摘除卷须、大部分雄花及畸形幼果。

开花坐瓜后，要及时理瓜，必要时可在幼瓜开始变粗后，在瓜的下端用绳子吊一块石头或泥坨（100g左右），使丝瓜长得更直、更长。

【施壮瓜肥】头批瓜采摘后，开始大肥大水，结合中耕培土每亩施复合肥15kg或腐熟猪牛鸡粪200～250kg。

注意: 一般在结果期每隔5～7d追施速效化肥5kg。

【去病叶、老叶】生长中后期，适当摘除基部的枯老叶、病叶。结果盛期，要及时摘除过密的老叶及病叶。

3. 丝瓜主要病虫害防治安全用药

防治对象	药剂名称	剂型	施用方式	稀释倍数或用药量	安全间隔期/d
猝倒病、立枯病	霜霉威盐酸盐	72.2%水剂	喷雾	600倍	3
	噁霉灵	15%水剂	喷雾	450倍	7
疫病（图5-21）	噁唑菌酮	6.25%可湿性粉剂	喷雾	1000倍	20
	烯酰·锰锌	69%水分散粒剂	喷雾	600～700倍	4
绵腐病（图5-22）	霜霉威盐酸盐	72.2%水剂	喷雾	600～700倍	3
	甲霜·锰锌	58%可湿性粉剂	喷雾	500倍	2～3
白粉病（图5-23）	嘧菌酯	25%悬浮剂	喷雾	1500倍	1
	乙嘧酚	25%悬浮剂	喷雾	1000倍	7
病毒病（图5-24）	氨基寡糖素	2%水剂	喷雾	300～450倍	3～7
	菌毒清	5%水剂	喷雾	250～300倍	7
霜霉病（图5-25）	甲霜·锰锌	58%可湿性粉剂	喷雾	800倍	2～3
	霜霉威盐酸盐	72.2%水剂	喷雾	800倍	3
轮纹斑病（图5-26）	碱式硫酸铜	30%胶悬剂	喷雾	300倍	20
蔓枯病（图5-27）	嘧菌酯	25%悬浮剂	喷雾	1500倍	1
	苯醚甲环唑	10%可分散粒剂	喷雾	1500倍	7～10
细菌性角斑病（图5-28）	中生菌素	3%可湿性粉剂	喷雾	600倍	3
	氢氧化铜	77%可湿性粉剂	喷雾	400倍	3～5
根结线虫病（图5-29）	棉隆	98%颗粒剂	土壤处理	30～40g/m^2	
	威百亩	35%水剂	沟施	4～6kg/亩	
蚜虫（图5-30）	吡虫啉	10%可湿性粉剂	喷雾	2000倍	1
	高效氯氟氰菊酯	2.5%可湿性粉剂	喷雾	1500～2000倍	7
螨（图5-31）	炔螨特	73%乳油	喷雾	2000倍	7
	哒螨灵	15%乳油	喷雾	2000～3000倍	1
黄守瓜（图5-32）	氰戊菊酯	40%乳油	喷雾	8000倍	12
	辛硫磷	50%乳油	灌根	1000～1500倍	6
瓜绢螟（图5-33）	阿维菌素	0.5%乳油	喷雾	2000倍	7
	氰戊菊酯	20%乳油	喷雾	4000～5000倍	12
瓜实蝇（图5-34）	溴氰菊酯	2.5%乳油	喷雾	3000倍	3
	辛硫磷	50%乳油	喷淋	800倍	6

图5-21 丝瓜疫病病瓜

图5-22 丝瓜绵腐病病瓜

图5-23 丝瓜白粉病病叶

图5-24 丝瓜病毒病病瓜

图5-25 丝瓜霜霉病

图5-26 丝瓜轮纹斑病

图5-27 丝瓜蔓枯病自叶缘向内的V形褐色病斑

图5-28 丝瓜细菌性角斑病

图5-29　丝瓜根结线虫病

图5-30　蚜虫危害丝瓜

图5-31　红蜘蛛危害丝瓜叶片

图5-32　黑足黄守瓜危害丝瓜叶

图5-33　瓜绢螟幼虫在丝瓜瓜条上刮食瓜皮

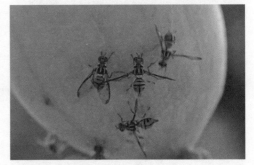

图5-34　瓜实蝇成虫聚集在丝瓜上危害

六、豇豆

▣▣▣ 1.豇豆大棚早春栽培 ▣▣▣

【选择品种】选用早熟、丰产、耐寒、抗病力强、肉质厚、风味好、不易徒长、适宜密植的蔓生品种，如早翠、翡翠早王、天畅三号（图6-1）等。

图6-1 豇豆优良品种

【种子处理】

（a）干籽直播 为防止种子带菌，用种子量3倍的1%甲醛药液浸种10~20min，然后用清水冲洗干净即可播种。

（b）育苗 先用温水浸种8~12h，中间淘洗2次，再用湿毛巾包好，放在20~25℃条件下催芽，出芽后备播。

【播种育苗】豇豆大棚早春栽培多采用营养钵育苗（图6-2）。

【选择播期】在长江中下游地区，播种期最早在2月中下旬，不宜盲目提早，否则易导致冷害（图6-3）。

图6-2 豇豆营养钵育苗

图6-3 播种过早豇豆苗遇冷害

【配制营养土】营养土配制，宜用4份充分腐熟的农家肥与6份田园土充分拌匀。

【播种床消毒】每平方米播种床用40%甲醛30~50mL，加水3L，喷洒床土，用塑料薄膜闷盖3d后揭膜，待气体散尽后播种。或用72.2%霜霉威盐酸盐水剂

400倍液床面浇施。或按每平方米苗床用15～30kg药土作床面消毒，即用8～10g 50%多菌灵可湿性粉剂与50%福美双可湿性粉剂等量混合剂，与15～30kg细土混合均匀（即成药土）撒在床面。

【摆营养钵】营养钵大小为8cm×8cm或10cm×10cm，先装5～7cm的营养土，摆放到苗床上浇水，水渗下后播种。

【播种】将催芽后的种子点播于营养钵（袋）中，每钵（袋）播2～3粒，然后覆土2cm。苗期做好保温防寒管理。定植前进行炼苗。

有条件的也可采用穴盘育苗（图6-4）。

【整地施肥】春季在定植前15～20d扣棚烤地，结合整地每亩施入腐熟农家肥5000～6000kg（或商品有机肥600～700kg）、过磷酸钙80～100kg、硫酸钾40～50kg（或草木灰120～150kg），2/3的农家肥撒施，余下的1/3在定植时施入定植沟内。

【做畦】定植前1周左右在棚内做畦，一般做成平畦，畦宽1.2～1.5m。

也可采用小高畦地膜覆盖栽培，小高畦畦宽（连沟）1.2m，高10～15cm，畦间距30～40cm，覆膜前整地时灌水。

【定植棚室消毒】大棚在定植前要进行消毒，每亩用80%敌敌畏乳油250g拌上锯末，与2～3kg硫黄粉混合，分10处点燃，密闭一昼夜，放风后无味时定植。

【定植】一般在2月底至3月上中旬，苗龄25d左右，当棚内地温稳定在10～12℃，夜间气温高于5℃时定植（图6-5），行距60～70cm，穴距20～25cm，每穴4～5株苗。

图6-4　豇豆穴盘育苗

图6-5　豇豆地膜覆盖栽培

【闭棚促缓苗】定植后4～5d内密闭大棚，高温高湿促缓苗。

【查苗补苗】当直播苗第一对基生真叶出现后或定植缓苗后应到田间逐畦查苗补苗，结合间苗，一般每穴留3～4株健苗。

【浇缓苗水】缓苗后浇一次缓苗水。

建议：从缓苗水开始，每亩用1×10^8 CFU/g枯草芽孢杆菌微囊粒剂（太抗枯芽春）500g+3×10^8 CFU/g哈茨木霉菌可湿性粉剂500g+0.5%几丁聚糖水剂1kg浇灌植株，可促进生根，调理土壤，预防根腐病、枯萎病、青枯病等。后期可每月冲施1次。

【中耕蹲苗】浇缓苗水后，进行中耕蹲苗，一般中耕2～3次，甩蔓后停止中耕，到第一花序开花后小荚果基本坐住，其后几个花序显现花蕾时，结束蹲苗，开始浇水追肥。

图6-6 插架

【适当降温壮苗】缓苗后，开始放风排湿降温。加扣小拱棚的，小拱棚内也要放风，直至撤除小拱棚。

【插架】一般到蔓长出后才开始支架（图6-6），双行栽植的搭"人"字架，将蔓牵至"人"字架上，茎蔓上架后捆绑1～2次。

【加大通风量】开花结荚期后，逐渐加大放风量和延长放风时间，一般上午当棚温达到18℃时开始放风，下午降至15℃以下关闭风口。

生长中后期，当外界温度稳定在15℃以上时，可昼夜通风。

【控水促花】大量开花时，尽量不浇水。采用膜下滴灌或暗灌，有利于降低棚内湿度，减少病害发生。

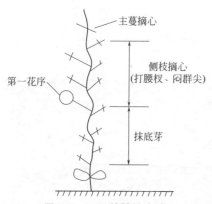
图6-7 豇豆的整枝方式

【摘心】在主蔓生长到架顶时，及时摘除顶芽。至于子蔓上的侧芽生长势弱，一般不会再生孙蔓，可以不摘，但子蔓伸长到一定长度（3～5节后）即应摘心（图6-7）。

【结合浇水追施结荚肥】结荚期，要集中连续追3～4次肥，并及时浇水。一般每10～15d浇一次水，追肥与浇水结合进行，一次清水后相间浇一次稀粪，一次粪水后相间追一次化肥，每亩施入尿素15～20kg。

【叶面施肥】缓苗期和植株结荚期，间隔半月左右，在植株生长关键期连续喷洒有机水溶肥料1000倍液，或甲壳素叶面肥1000倍液，或核苷酸叶面肥1500倍液等2～3次，可促进花芽分化。

开花结荚期，用萘乙酸钠4mL、爱多收4mL兑水15kg叶面喷施1～2次，有利于保花保荚。

生长后期，为防止中微量元素的缺乏（图6-8），可每隔10～15d，叶面喷施0.1%～0.5%的尿素溶液加0.1%～0.3%的磷酸二氢钾溶液，或0.2%～0.5%的硼、钼等微肥。

叶面施肥要特别注意浓度，不可过大，否则会出现叶片畸形的现象（图6-9）。

图6-8　缺硼可导致豇豆荚弯曲

图6-9　叶面肥浓度加大了一倍产生肥害的豇豆苗

【采收】播种后 60～70d，嫩豆荚已发育饱满、种子刚刚显露时采收（图6-10）。每隔 3～5d 采收一次，在结荚高峰期可隔一天采收一次。

【撤棚膜】进入 6 月上旬，外界气温渐高，可将棚膜完全卷起来或将棚膜取下来，使棚内豇豆呈露地栽培状况。

【追施防衰肥】生长后期，除补施追肥外，还可叶面喷施 0.1%～0.5% 的尿素溶液加 0.1%～0.3% 的磷酸二氢钾溶液，或 0.2%～0.5% 的硼、钼等微肥。

图6-10　豇豆嫩荚

【清园】采收后，将病叶、残枝败叶和杂草清除干净。

2. 豇豆小拱棚加地膜覆盖栽培

【选择品种】应选择早熟、耐低温、高产、抗病、适宜密植的品种。

【育苗】宜利用大棚多层覆盖提前培育壮苗，适宜苗龄为 20～25d，真叶 3～4 片。育苗技术参见大棚早春栽培。

【施足基肥】结合耕翻整地，每亩施入腐熟农家肥 1500～2000kg（或商品有机肥 200～300kg）、草木灰 50～100kg。

【整地做畦】整平耙细，做小高畦，畦高 10～15cm，宽 75cm，畦沟宽 40cm。做畦后立即在畦上覆盖地膜，地膜宜在定植前 15d 左右铺好。

【定植】当棚内 10cm 地温稳定通过 15℃，棚内气温稳定在 12℃ 以上时可定植，株行距 15cm×60cm 或 20cm×60cm，每穴 3～4 株，然后覆土平穴，用土封严定植孔（图 6-11）。

【闭棚促缓苗】定植后 3～5d 内不通风，棚外加盖草苫，闷棚升温，促进缓苗（图6-12）。

图6-11 豇豆地膜覆盖移栽

图6-12 豇豆地膜套小拱棚定植后闭棚促缓苗

【浇缓苗水】定植缓苗后，视土壤墒情浇一次缓苗水。

建议：从缓苗水开始，每亩用 1×10^8 CFU/g 枯草芽孢杆菌微囊粒剂（太抗枯芽春）500g+3×10^8 CFU/g 哈茨木霉菌可湿性粉剂 500g+0.5% 几丁聚糖水剂 1kg 浇灌植株，后期可每月冲施 1 次。

【控水蹲苗】浇缓苗水后应控水蹲苗。

【适当降温壮苗】缓苗后逐渐降温，培育壮苗。

【撤小拱棚】当外界气温稳定通过 20℃时，撤除小拱棚。

【植株调整】豇豆植株长到 30~35cm 高时及时搭架（图6-13），主蔓第一花序以下萌生的侧蔓一律打掉，第一花序以上各节萌生的叶芽留一片叶打头。主蔓爬满架后及时打顶。

【结合浇水追现蕾肥】现蕾时，浇一次水，随水每亩追施硫酸铵 20kg、过磷酸钙 30~50kg。

【结合浇水追结荚肥】现蕾后，每隔 10~15d 浇水一次，掌握浇荚不浇花的原则，若开花前肥水过多，则营养生长过旺，影响开花结荚（图6-14）。

从开花后每隔 10~15d 叶面喷施一次 0.2% 磷酸二氢钾，还可根外喷施浓度为 0.01%~0.03% 的钼酸铵和硫酸铜。

图6-13 地膜覆盖栽培豇豆及时插架

图6-14 豇豆开花坐荚前施肥过多导致营养生长过旺

3. 豇豆春露地直播早熟栽培

【选择品种】选用耐寒性较强，对日照要求不严格，早熟、优质、丰产，分枝性能弱，适于密植的蔓生品种，如之豇28-2、湘豇1号、湘豇2号等。

【整地施肥】冬前土壤深翻晒垡，春季结合施底肥进行浅耕。一般每亩施腐熟农家肥3500～4500kg（或商品有机肥400～500kg）、过磷酸钙60～80kg、硫酸钾30～40kg（或草木灰120～150kg），土肥混合均匀。

【做畦】北方采用平畦，畦宽约1.3m。南方为高畦，畦宽（连沟）1.3m，沟深25～30cm。畦面整成龟背形。

【选择播期】露地豇豆播种宜在当地断霜前7～10d和地下10cm处地温稳定在10～12℃时进行，华北地区在4月中下旬，淮北地区在4月上中旬，江南地区可在3月下旬至4月初。

注意：过早播种常因地温低、湿度大而烂种，或因出苗后受到晚霜危害而造成缺苗或冻死；过晚播种则植株生育期推迟而影响早熟丰产。

【种子处理】播种前精选种子，并晒种1～2d。一般采用干籽直播，也可用25～32℃温水浸种10～12h，当大多数种子吸水膨胀后，捞出晾干表皮水分播种。

用咯菌腈种衣剂10mL兑水100mL，拌匀后倒在5kg种子上，迅速搅拌直到药液均匀分布，可有效预防苗期及其他土传真菌性病害发生。

【直播】每畦播两行（图6-15），行距50～65cm，穴距20～25cm，每穴播种4～5粒，覆土2～3cm。每亩用种量2～2.5kg。

用50%多菌灵可湿性粉剂与50%福美双可湿性粉剂等量混合剂8～10g与细土15～30kg混合均匀撒在上面，可减少苗期病害的发生。

【浇缓苗水】直播苗出齐后或定植缓苗后，可视土壤墒情浇1次水（图6-16）。

图6-15　豇豆春露地直播栽培

图6-16　直播豇豆苗出齐后视墒情浇一次水

建议：从缓苗水开始，每亩用1×10^{8}CFU/g枯草芽孢杆菌微囊粒剂（太抗枯芽春）500g+3×10^{8}CFU/g哈茨木霉菌可湿性粉剂500g+0.5%几丁聚糖水剂1kg浇灌植株，后期可每月冲施1次。

【蹲苗】浇缓苗水后要严格控水控肥，以中耕保墒蹲苗为主。

【查苗补苗】当直播苗第1对基生真叶出现后或定植缓苗后，应到田间逐畦查苗补棵，结合间去多余的苗子，一般每穴留3株健苗。

【中耕松土】直播苗出齐或定植缓苗后，宜每隔7～10d进行一次中耕松土，以蹲苗促根（图6-17）。甩蔓后停止中耕，最后一次中耕时注意向根际培土。

若采用地膜覆盖，无需中耕松土。

【结合浇水施壮苗肥】团棵后、插架前浇一水，结合浇水可在行间沟施有机肥或尿素（每亩10kg左右）。

【插架】植株甩蔓后插支架，按每穴一竹竿，搭成"人"字架，架高2m以上。

【引蔓】植株蔓长30cm以上时，及时引蔓上架。

【初花期控水】初花期不浇水，防止落花（图6-18）。

图6-17　豇豆中耕除草　　　　　　　图6-18　豇豆落花现象

【看天防旱】植株现蕾时，若天旱可再浇一次小水。

【抹底芽】主蔓第1花序以下的侧芽长至3cm左右时及时抹去，以促使主蔓粗壮和提早开花结荚。

【采腰杈】主蔓第1花序以上各节位的侧枝在早期留2～3叶摘心，促进侧蔓第1节形成花芽。

【浇坐荚水】当第1花序坐住荚，第1花序以后几节的花序显现时，浇1次大水。

【结合浇水追结荚肥】开花结荚期后，浇水时结合追肥，每次每亩追施硫酸铵15kg（或尿素10kg）、硫酸钾5kg，1次清水、1次肥水交替施用。若底肥中磷肥不足，可每次每亩追施过磷酸钙5kg或复合肥5～8kg。

【闷群尖】植株生育中后期主蔓中上部长出的侧枝，见到花芽后即闷尖（摘心）。

【浇保荚水】中下部的豆荚伸长、中上部的花序出现时，再浇1次大水。以后一般每隔5～7d浇1次水，经常保持土壤见干见湿。

【采收】春季豇豆播种后60～70d即可开始采收嫩荚。开花后10～12d豆荚可达商品成熟，此时荚果饱满，组织脆实，不发白变软，种粒处刚刚显露而微鼓。

采收要特别仔细，不要损伤花序上的其他花蕾，更不能连花序一起摘下。一般每3～5d采收1次，在结荚高峰期可隔1d采收1次。

加工用豇豆，采收后避免堆压，及时捆绑成束，运至加工企业进行加工（图6-19）。

【主蔓摘心】主蔓长15～20节，达2～2.3m高时摘心，以促进下部节位各花序上副花芽的形成和发育。

【追翻花肥】为防止豇豆缺肥出现鼠粒尾巴现象（图6-20），第1次产量高峰过后，应加强肥水管理，每隔15d左右追施1次粪水或化肥。

图6-19　无尘洁净太阳能晒制豇豆

图6-20　豇豆鼠粒尾巴豆荚

【排水防涝】7月份以后，雨量增加，应注意排除田间积水，延长结荚期，防止后期落花落荚。

▪▪▪ 4. 豇豆夏秋直播栽培 ▪▪▪

【选择品种】宜选择耐热、耐湿、抗病、早熟、丰产的品种。

【选择播期】一般5月中旬至6月中旬直播（图6-21），7月中下旬至8月上旬始收，可采收到白露前。

【整地做畦】选用地势高燥、通风、凉爽、排灌方便的场所，做高畦或小高畦。播前土壤灌水造墒，使底水充足，防止种子落干。

图6-21　豇豆夏秋露地直播栽培

【直播】播种密度较春豇豆稀些，一般1.2m宽的畦播2行，行距60cm，穴距20～25cm，每穴留苗3株，每亩用种3kg。

【中耕除草】一般在定植后、插架前后、开花结荚初期和盛期，共中耕除草5～6次。

【插架】夏季豇豆生长快，必须及时插架并引蔓上架，要求插架必须牢固。

【防涝】大雨过后要及时排水，排水后再浇一次清水或井水以降温补氧。

【打侧芽】豇豆引蔓上架后及早打掉6～7叶以下的基部侧芽，保持主蔓生长优势。

【铺草】夏秋茬豇豆行间铺5～6cm厚的秸秆或草，可防止土壤板结，降低地温，防止大雨后出现死棵现象。

【摘心】主蔓第一花序以上侧枝留2～3叶后尽早摘心。

【追肥】可以采用条沟集中施足底肥的方法，并及时分次追肥，适当增加氮肥用量。

注意：夏秋季高温多雨，田间肥料容易被雨水淋失，使植株出现脱肥现象。

图6-22 高温导致的豇豆"伏歇"现象

【打顶】主蔓长到2～2.5m时要打顶。趁早晨或雨后，用小竹竿打主蔓伸长的嫩头，一打即断，速度很快。

【防治病虫害】一般结荚期每7d左右喷一次杀虫药防治豆荚螟，并注意防治锈病、炭疽病和灰霉病等。

【后期追肥防"伏歇"】夏秋豇豆结荚期正值8月伏天，植株更易出现"伏歇"现象（图6-22），应及早增施肥料。

5. 豇豆大棚秋延后栽培

图6-23 豇豆大棚秋延后栽培

【选用良种】选用秋季专用品种或耐高温、抗病力强、丰产、植株生长势中等、不易徒长的品种，如早熟5号、正源8号、全王、杜豇。

【直播】豇豆大棚秋延后栽培（图6-23）一般在7月中旬至8月上旬直接播种。

【降温保苗】苗期温度较高，要适当浇水降温保苗，并注意中耕松土保墒，蹲苗促根。

注意：浇水不宜太多，要防止高温高湿导致幼苗徒长，雨水较多时应及时排水防涝。

【追施苗肥】幼苗第一对真叶展开后，随水追肥一次，每亩施尿素10～15kg。

【搭架引蔓】植株甩蔓时，就要搭架，也可用绳吊蔓。常用的架形为"人"字形。

【控水蹲苗】开花初期，适当控水蹲苗。

【防止落花落荚】用2mg/L的对氯苯氧乙酸钠或赤霉酸喷射茎的顶端，可促进开花。

【除侧蔓】一般主茎第一花序以下的侧蔓应及时摘除，促主茎增粗和上部侧枝提早结荚。

【结合浇水追施结荚肥】结荚期，加强水肥管理，每10d左右浇一次水，每浇2次水追肥1次，每亩冲施稀粪500kg或施尿素20～25kg。10月上旬以后，应减少浇水次数，停止追肥。

【摘心去顶】中部侧枝需要摘心。主茎长到18～20节时摘去顶心，促开花结荚。

【保温防冻】

（a）豇豆开花结荚期，气温开始下降，要注意保温。初期，大棚周围下部的薄膜不要扣严，随着气温逐渐下降，通风量逐渐减少，大棚四周的薄膜晴天白天揭开，夜间扣严。

（b）当外界气温降到15℃时，夜间大棚四周的薄膜要全封严，只在白天中午气温较高时，进行短暂的通风，若外界气温急剧下降到15℃以下时，基本上不要再通风。遇寒流和霜冻要在大棚下部的四周围上草帘保温或采取其他临时措施。

（c）当外界气温过低时，棚内豇豆不能继续生长结荚，要及时将嫩荚收完，以防冻害。

附：大棚秋豇豆也可育苗移栽，于7月中下旬在大棚内或露地搭遮阴棚播种育苗。苗龄15～20d，8月上中旬定植，穴距以15～20cm为宜。

6. 豇豆主要病虫害防治安全用药

防治对象	药剂名称	剂型	施用方式	稀释倍数或用药量	安全间隔期/d
立枯病（图6-24）	噁霉灵	15%水剂	喷雾	450倍	7
	百菌清	5%可湿性粉剂	喷雾	500倍	7
病毒病（图6-25）	盐酸吗啉胍·铜	20%可湿性粉剂	喷雾	500倍	7
	菇类蛋白多糖	0.5%水剂	喷雾	300倍	7
枯萎病（图6-26）、根腐病	甲基硫菌灵	50%可湿性粉剂	灌根	400倍	7
	敌磺钠	70%可湿性粉剂	灌根	600～800倍	10
	噁霉灵	70%可湿性粉剂	灌根	1000～2000倍	7
锈病（图6-27）	丙环唑	25%乳油	喷雾	3000倍	10
	苯醚甲环唑	10%水分散粒剂	喷雾	1500～2000倍	7～10
煤霉病（图6-28）	甲基硫菌灵	50%可湿性粉剂	喷雾	500～1000倍	7
	春雷·王铜	47%可湿性粉剂	喷雾	800倍	7
炭疽病（图6-29）	咪鲜胺	25%乳油	喷雾	1000～1500倍	12
	醚菌酯	50%干悬浮剂	喷雾	3000～4000倍	5

防治对象	药剂名称	剂型	施用方式	稀释倍数或用药量	安全间隔期/d
茎枯病（图6-30）	碱式硫酸铜	30%悬浮剂	喷雾	400倍	20
	代森锰锌	80%可湿性粉剂	喷雾	600倍	15
菌核病（图6-31）	乙烯菌核利	50%可湿性粉剂	喷雾	1000倍	7
	菌核净	40%可湿性粉剂	喷雾	800～1000倍	7
灰霉病（图6-32）	腐霉利	50%可湿性粉剂	喷雾	1500～2000倍	1
	乙烯菌核利	50%可湿性粉剂	喷雾	1000～1500倍	7
斑枯病（图6-33）	苯醚甲环唑	10%水分散粒剂	喷雾	800～1200倍	7～10
	嘧菌酯	25%悬浮剂	喷雾	1000～1200倍	1
红斑病（图6-34）	甲基硫菌灵	70%可湿性粉剂	喷雾	1000倍	7
	络氨铜	14%水剂	喷雾	300倍	7
疫病（图6-35）	噁霜灵	64%可湿性粉剂	喷雾	400～500倍	3
	霜脲·锰锌	72%可湿性粉剂	喷雾	600～800倍	7
白粉病（图6-36）	苯醚甲环唑	10%水分散粒剂	喷雾	800～1200倍	7～10
	嘧菌酯	25%悬浮剂	喷雾	1000～1200倍	1
轮纹病（图6-37）	咪鲜胺	20%乳油	喷雾	1500～2000倍	12
	嘧菌酯	25%悬浮剂	喷雾	1000～2000倍	1
细菌性疫病（图6-38）	氢氧化铜	77%可湿性微粒粉剂	喷雾	500倍	3～5
	络氨铜	14%水剂	喷雾	300倍	7
美洲斑潜蝇（图6-39）	灭蝇胺	75%乳油	喷雾	5000倍	7
	阿维菌素	1.8%乳油	喷雾	3000～4000倍	7
豇豆荚螟（图6-40）	高效氟氯氰菊酯	2.5%乳油	喷雾	1500～2000倍	7
	甲氧虫酰肼	24%悬浮剂	喷雾	2500～3000倍	14
螨类害虫（图6-41、图6-42）	炔螨特	73%乳油	喷雾	1000～1200倍	7
	阿维菌素	1.8%乳油	喷雾	3000倍	7
蚜虫（图6-43）	吡虫啉	10%可湿性粉剂	喷雾	2000倍	10
	抗蚜威	25%水溶性分散剂	喷雾	1000倍	7
白粉虱（图6-44）	噻嗪酮	25%可湿性粉剂	喷雾	1000～1500倍	7
	吡虫啉	20%可溶液剂	喷雾	4000倍	10
蓟马（图6-45）	噻虫嗪	25%水分散粒剂	喷雾	8000倍	30
	吡虫啉	70%可湿性粉剂	喷雾	25000倍	30
小地老虎（图6-46）	敌百虫	90%晶体	灌根	1000倍	7
	辛硫磷	50%乳油	灌根	1500倍	6

图6-24 豇豆立枯病病株

图6-25 豇豆病毒病

图6-26 豇豆枯萎病叶片发黄

图6-27 豇豆锈病病叶正面

图6-28 豇豆煤霉病

图6-29 豇豆炭疽病苗期茎基部现黑色小粒点

图6-30 豇豆茎枯病

图6-31 豇豆菌核病茎蔓染病

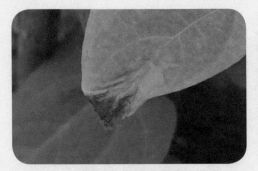

图6-32 豇豆灰霉病

图6-33 豇豆斑枯病

图6-34 豇豆红斑病叶片上的典型病斑

图6-35 豇豆疫病叶片不规则灰绿色坏死斑

图6-36 豇豆白粉病

图6-37 豇豆轮纹病

图6-38 豆类细菌性疫病

图6-39 美洲斑潜蝇危害豇豆叶片

图6-40 豇豆荚螟幼虫钻蛀豆荚

图6-41 朱砂叶螨危害豇豆叶片背面成火龙状

图6-42 红蜘蛛成虫

图6-43 豆蚜危害豇豆

图6-44 白粉虱在豇豆叶背上危害

图6-45 蓟马危害豇豆荚

图6-46 小地老虎幼虫咬断豇豆幼苗茎秆

七、大白菜

■■■ 1.春大白菜栽培 ■■■

春大白菜（图7-1）在早春或春末播种育苗，4～6月上市。春大白菜栽培通过采用大棚等保温设施，解决了早春低温及长日照引起的抽薹以及后期高温造成不包球和病虫害严重等问题。

图7-1　春大白菜栽培

【选择品种】选用冬性强、早熟、优质的春季专用品种，如阳春、强势、春大将、春晓。

【选择播期】

（a）塑料大棚栽培　播种期为2月上旬，用加温温室育苗。

（b）露地小拱棚定植或小拱棚内覆膜直播　播种期为2月中下旬。

（c）露地地膜覆盖直播或露地育苗栽培　播种期为3月中下旬至4月上旬，天气暖和可适当提前，遇到倒春寒天气可适当晚播。

【配制营养钵（块、盘）】采用营养钵、营养块（图7-2）或基质穴盘育苗（图7-3），有的还需进行假植。

图7-2　大白菜营养块育苗

图7-3　大白菜穴盘育苗

营养钵（块）配制：用腐熟的厩肥1份，黏土2份，沙土0.5份，每1000kg营养土中加过磷酸钙或骨粉2～3kg、硫酸铵1～2kg，充分混合均匀。可直接装入营养钵育苗；也可制成营养块进行育苗，即压成12cm厚的大土块，充分浇水，次日待营养土块湿度适宜时，用刀将其切成长宽各8cm的方块，即成营养土块。

穴盘基质配制：可选用商品基质，一般泥炭：蛭石：珍珠岩=1：1：1。

【播种】播种时，每钵中心扎0.5～1cm深空穴，每穴选播3～4粒种子，盖土0.5～1cm厚，盖种土可用百菌清或多菌灵消毒。

【苗期管理】播种后出苗前可用50%辛硫磷乳油1200～1500倍液喷洒床面，防止虫害。在3～4叶期每穴留2株，5～6叶期留1株。夜间注意保温，通常夜温不得低于10℃，以防幼苗过早通过春化提前抽薹。生长前期以保温为主，生长后期根据温度应注意通风散湿。移栽前根据苗情适时通风炼苗。

【整地做畦】选择疏松肥沃土壤，要求向阳、高燥、爽水。采用深沟、高畦，一般畦宽1m，畦高10～15cm，畦沟宽25～30cm，每畦种2行。

【大田施肥】长期未施用生石灰的，按每亩施生石灰100～150kg，起到调酸和补钙的作用（图7-4）。半个月后施基肥，每亩施腐熟农家肥3000kg（或商品有机肥300kg，或复合肥50kg左右）。结合整地撒施或按确定株行距开穴施基肥，还可用人畜粪渣淋穴，日晒稍干后锄松，然后定植。

图7-4　春大白菜缺钙现象

【定植】

（a）定植时期　定植期应视其生长环境的气温和5cm地温确定，当两者分别稳定通过10℃和12℃，方可安全定植。定植时适宜苗龄为25d左右，适宜生理苗龄为4～5片真叶。

（b）定植规格　一般株行距（35～40）cm×50cm，每亩栽3500～4500株。

（c）定植方法　定植时，选择无风的下午进行，要带土坨定植（图7-5）。定植

图7-5 选择壮苗定植

后立即浇定根水。直播的还要早间苗、早定苗。

【保温】大棚栽培的，应注意棚膜昼揭夜盖，早春晚上保温，天晴时通风降湿。

【去裙膜】进入4月中下旬可去掉裙膜，只留顶膜。

【追施苗肥】缓苗后追肥，每亩穴施尿素10～15kg。

【保湿】苗期覆膜后一般不浇水、不中耕。结球期小水勤浇，保持土壤见干见湿，土表不见白不浇水，浇水以沟灌为宜，不能漫灌或大水冲灌，以减少软腐病发生。

【结合浇水追施包心肥】莲座初期结合浇水重施包心肥，每亩追施磷酸二铵30kg、尿素20～25kg、硫酸钾10kg，此期还可采用0.2%的磷酸二氢钾叶面喷肥2～3次。结球中后期不必追肥。

春大白菜浇水追肥原则：注意加强排水，雨后施肥与防病相结合，不宜蹲苗，要肥水猛攻，一促到底，促进营养生长，抑制植株抽薹（图7-6）。

【采收】一般定植后50d（直播60d）左右成熟（图7-7），此时一定要及时采收应市，以防后期高温多雨，造成裂球、腐烂或抽薹，降低食用和商品价值。

图7-6 春大白菜未熟抽薹现象

图7-7 适期采收的大白菜

春大白菜除育苗移栽外，还可直播，方法如下：

【播前整地】施足底肥，精细整地，平畦或高畦播种。

【直播】可采用条播、穴播或条穴播。

（a）条播。按行距开2～3cm深的浅沟，浇透水，将种子均匀撒入沟中，然后用细土覆盖。

（b）穴播。在行内按株距挖深2～3cm的穴，点水，播2～3粒种子后覆细土。

（c）条穴播。在行内按株距开4～5cm长的浅沟，点水，而后将种子均匀播入沟内，覆土。

【播后管理】播种后覆盖地膜，2片真叶显露，及时破膜露苗。破膜应扎小洞，以能掏出苗为宜，地膜破口处用土压牢。在2片和5片真叶时分别间苗一次。

其他管理同育苗移栽。

▦▦ **2. 夏大白菜栽培** ▦▦

夏大白菜（图7-8），应采用遮阳网覆盖栽培。夏大白菜生长期短，价格高，效益好。

【选择播期】从5月份到8月份均可分期、分批播种，最适期为6月初至7月底，可直播，也可育苗移栽。可采用遮阴栽培或露地栽培。可从8月小株上市至10月成株上市。

【做畦】施肥后深耕细耙整平，按畦高0.3～0.4m、畦宽1～1.2m做成高畦窄畦，沟宽0.3m。

【苗床制作与播种】按栽培田面积1/10准备苗床。深耕烤晒过白后打碎整平做畦，泼浇一层腐熟的人畜粪渣作基肥，晒干后锄松即可浇底水、播种，或先播种后用较浓的腐熟人畜粪浇盖种子。

【苗期管理】播种后及时覆盖遮阳网。视情况每天下午浇一次清水。

出苗后分两次间苗，第一次在出土后3～4d进行，第二次在3～4片真叶时进行，苗距7～10cm。

第二次间苗浇一次肥水后，直到栽植前3～4d再浇肥水。

定植前一周以上撤掉遮阳网炼苗。

【整地施肥】选土壤肥沃疏松、排灌方便的地块，最好以瓜果为前作。清洁田园，土壤经烤晒过白后，开好畦沟、腰沟、围沟。结合整地，每亩施充分腐熟农家肥4000～5000kg（或商品有机肥500～600kg）、饼肥100kg、磷酸二铵15～20kg。

【移栽】苗龄15～20d，选晴天下午和阴天定植。株行距30cm×40cm，每亩栽3500～4000株。栽后浇足定根水，盖遮阳网缓苗至成活（图7-9）。

图7-8　夏大白菜遮阴栽培

图7-9　栽后盖遮阳网

【苗期防虫】苗期正处于高温干旱阶段，应注意防治蚜虫。

【看苗追施提苗肥】苗期一般不追肥，如果降雨过多，脱肥严重，可追施以人粪尿为主的提苗肥，勤施薄施，浓度以 10%～20% 为宜。

【第一次中耕除草】在定苗后，清除杂草时就可中耕，及时追水肥。

【追施开盘肥】定植缓苗后，应追开盘肥，一般每亩施人粪尿 1000～1500kg，或尿素 10～15kg，或硫酸铵 15～20kg，并配合施用少量磷钾肥。

【第二次中耕除草】在莲座期长满前，只宜浅耕，不能损伤植株。

注意：中耕时以晴天为好；封垄后停止中耕划锄。

【追施包心肥】开始包心时，每亩施人粪尿 1000～1500kg，或尿素 15kg（或硫酸铵 20～25kg），氯化钾 10kg。

【防治病虫】莲座结球期后，注意防治软腐病、霜霉病以及蚜虫、菜青虫等。

【浇水保湿】结球期后，应保持土壤见湿不见干。遇到连续高温天气，可在中午通过叶面喷水来降低气温。

注意：夏季降雨集中，大雨或暴雨过后，应及时排水，严防积水（图 7-10），并尽快浅锄，适时中耕、培土。

图7-10　及时排水，防止受涝害

【追施结球肥】在叶球外形大小基本确定后，再追肥一次，每亩施粪水 500～1000kg。结合追肥浇水保持土壤湿润。

【叶面施肥】开始结球后，可叶面喷施 0.3% 左右尿素、硫酸铵或磷酸二氢钾。

【采收】当大白菜包心达七成以上就应该分批采收上市，以减少可能发生的软腐病等导致的损失。具体采收时间还可根据市场情况而定，争取在大白菜价格高时采收上市，以便取得较高的经济效益。

夏大白菜除育苗移栽外，还可直播。其直播要点如下：

【直播规格】播种密度要求株行距 40cm×50cm，每亩定植 3000 株左右。

【直播方法】直播应在下午或傍晚进行，常用穴播（点播）。先在畦面上按确定密度挖 4～5cm 深的播种穴，每穴浇一层腐熟人畜粪渣，晒干后锄松播种，每穴播 8～10 粒。

【苗期管理】播后覆盖遮阳网至 3～4 片真叶时，视土壤湿润程度浇水。及时间苗和定苗。间苗分两次进行，在"拉十字"（图 7-11）时进行第一次间苗，4～5 片真叶时进行第二次间苗，苗距 6～7cm，6～7 片真叶时按预定株距定苗。

夏季地老虎、蝼蛄等地下害虫活动猖獗，播种后应不隔夜撒毒谷（麦麸炒熟或用开水烫后加敌百虫的 10 倍液拌匀）。如遇大雨，雨后应重撒，最好在定苗前撒毒谷 2～3 次。

【浇水保苗】从播种至出苗，每隔
1～2d 浇一次水，出苗后每隔 2～3d 浇一
次水。

注意：浇水应在早晨或傍晚地温较低
时进行。垄干沟湿即需浇水，确保土壤见
干见湿。

图7-11　大白菜苗"拉十字"

▰▰▰ 3. 早秋大白菜栽培 ▰▰▰

早秋大白菜是相对秋冬大白菜来说的，播种期介于夏大白菜和秋大白菜之间。
生育期 55～60d，于国庆节前后上市。

【选择品种】可在兼顾抗病、早熟、耐热等综合性状的同时，选择单球重比夏
大白菜稍大、生育期稍长的品种，如早熟 5 号、早熟 6 号、夏阳白等。

【选择播期】一般于 7 月底至 8 月初播种。早秋大白菜可以采用育苗或直播两
种方式进行栽培。

【制作苗床】可做苗床或营养钵育苗，每亩大白菜需苗畦 25～30m²，一般畦宽
1.5m，长 15～20m。畦内撒复合肥 2.5kg、腐熟有机肥 100～150kg，耕翻耙平，肥
土混匀，留出盖籽土，然后畦内浇水，水渗下后即可播种。

【播种】可撒播，也可点播，育苗移栽每亩播种 20～50g，播后盖土 1cm 厚。

【苗期管理】及时间苗，一般分 3 次进行。要适当掌握苗龄，不宜过大，一般
早熟品种苗龄 18～20d，中晚熟品种苗龄 20～25d 为宜。

【整地施肥】选择地势较高、土层深厚、肥沃、通气性好、富含有机质的地块。
播种或定植前施足基肥，一般每亩施腐熟农家肥 4000kg（或商品有机肥 500kg）、
饼肥 100kg、磷酸二铵 30kg、钾肥 15kg。

【做畦】施肥后进行深翻、细耙、做垄，垄高 15cm 左右，并做好排水沟和灌
水沟。

【定植】选下午 4 时后进行移栽（图7-12）。
根据不同品种特性合理密植。

【第一次中耕除草】结合定苗，进行中
耕除草。

【肥水齐攻】定苗后要肥水齐攻，不必
蹲苗。一般定苗后，每亩追施尿素 15kg。

【防治苗期虫害】苗期害虫活动猖獗，
为防治重点期。

图7-12　大白菜移栽

【排水防涝】若天气多雨积涝，应及时排水，并中耕散墒。

【追施团棵肥】团棵期每亩追施尿素 20～25kg，一般随水冲施，也可撒施，平畦栽培可在行间划沟撒施后浇水，垄栽可在垄两侧撒施后浇水。

【第二次中耕除草】莲座期封垄前中耕除草 1 次。

【追施莲座肥】莲座期追肥一次，量同团棵肥。

【抗旱降温】天气干旱时，则需要小水勤浇。

【防治生长期病虫害】及时防治地老虎、蝼蛄、蚜虫、菜青虫、小菜蛾、菜螟等害虫。病害主要是病毒病、软腐病等，应及时防治。

【收获】一般在播种后 50d 左右，结球紧实后即可采收上市。

▪▪▪ 4. 秋大白菜栽培 ▪▪▪

【选择品种】应选用优质、丰产、抗逆性强、适应性强、商品性好的中晚熟品种，如改良青杂 3 号、丰抗 80、鲁白六号。

【选择播期】一般播种期以 8 月中旬左右为宜，早熟品种可适当早播。

【直播或育苗移栽】方法同早秋大白菜栽培。播后盖 0.3cm 厚薄土，及时间苗留苗，高温天气通过浇水遮阴等措施降温（图 7-13），播种出苗后，每隔 2～3d 浇一次水，保持地面湿润。

图7-13　秋大白菜大棚育苗

【间苗定苗】为防止幼苗拥挤徒长，要及时间苗，一般间苗 2～3 次。直播的大白菜在团棵期定苗。在高温干旱年份适当晚间苗、晚定苗，每次间苗、定苗后应及时浇水。

有条件的，可采用穴盘育苗。

【整地施肥】种植前深翻土地，每亩施腐熟农家肥 4000～5000kg（或商品有机肥 500～600kg）、过磷酸钙 30kg、硫酸钾 15～20kg（或草木灰 100～150kg）。

【做畦】肥料撒均匀后深翻 20～25cm，犁透、耙细、耙平，一般做小高垄，垄底宽 40cm，垄高 15～20cm。

图7-14　合理密植

【定植】选下午 4 时后定植（图 7-14）。

（a）花心品种　株行距（40～45）cm×（50～60）cm，每亩定植约 2500 株。

（b）直筒型（图 7-15）及小型卵圆和平头型品种　株行距（45～55）cm×（55～60）cm，每亩定植 2200～2300 株。

（c）大型卵圆（图7-16）和平头型品种　株行距（60～70）cm×（65～80）cm，每亩定植 1300 株左右。

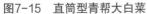
图7-15　直筒型青帮大白菜

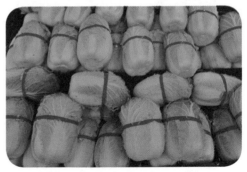
图7-16　圆筒型白帮大白菜产品

【化学除草】一般在播种后灌水前，每亩用 48% 氟乐灵乳油 100～200mL 加水 50～100L 均匀喷洒地面，除草效果可达 90% 以上，对菜苗无影响。

【第一次中耕】第二次间苗后开始中耕，浅锄 2～3cm。

【结合浇水追施提苗肥】幼苗期需多次浇水降温，小水勤浇，保持地面见干见湿，防止大水漫灌。若子叶发黄，每亩施硫酸铵 5～7kg，或腐熟人粪尿 200kg 加水 10 倍提苗。

【第二次中耕】于定苗后进行，深锄 5～6cm，将松土培于垄帮，以加宽垄台有利于保墒。

【结合浇水追施莲座肥】莲座期（图7-17），要充分浇水，但又要注意防止莲座叶徒长而延迟结球，土壤以见干见湿为宜。

每亩追人粪尿 500～1000kg（或硫酸铵 10～15kg）、过磷酸钙 7～10kg，沿植株开 8～10cm 深的小沟施入。切忌表土撒施（图7-18），以免造成肥害现象或浪费肥料。

图7-17　大白菜莲座期

图7-18　尿素表土撒施造成大白菜肥害现象

【第三次中耕】在莲座期后，封垄前，浅锄 3cm，把培在垄台上的土锄下来。封垄后不再中耕。

【叶面施肥】可用1%的磷酸二氢钾、硫酸钾或尿素进行叶面追肥，于莲座期和结球期共喷3～4次，可增产。

【结合浇水追施包心肥】包心前5～6d，每亩施人粪干1000～1500kg（或硫酸铵15～25kg）、硫酸钾和过磷酸钙各10～15kg（或草木灰100kg）。

结球前中期，需水最多，每次追肥后要接着浇一次透水，以后每隔5～7d浇水一次，保持土壤见湿不见干。结球后期需水少，收获前5～7d停止浇水。

注意：浇水还应结合气象因素，连续干旱应增加浇水次数，遇大雨应及时排水。高温时期选择早晨或傍晚浇水，低温季节应于中午前后浇水。

【防治病虫害】大白菜主要病害有霜霉病、软腐病、病毒病、黑斑病、根肿病等，主要虫害有蚜虫、菜青虫、小菜蛾、小地老虎、黄曲条跳甲、猿叶虫等。在一般年份，病害发生较少，应重点防治虫害。

【结合浇水追施结球肥】结球后半个月，每亩施人粪尿1000kg或硫酸铵10～15kg。

【采收】叶球包紧，达到商品成熟度时应及时采收。

▪▪▪ 5. 散叶大白菜栽培 ▪▪▪

散叶大白菜（图7-19），在大白菜生长至结球（包心）前期就上市，其产品包括幼苗（鸡毛菜）至结球前期的半成株。

图7-19　散叶大白菜（快菜）

【选择播期】3月上旬至8月均可陆续分期分批排开播种，分期上市。

【整地做畦】选用土壤肥沃疏松、排灌方便、前茬未种过十字花科蔬菜的地块。土表3～5cm的土壤须耙细。多用浓厚的人畜粪泼在畦面，待干后锄松翻入土中作基肥，每亩用量1000～1500kg。畦宽1.1～1.5m，高畦栽培。

【直播】多撒播，部分穴播。播种前应在畦中充分浇水，播后盖一层厚0.5～1cm的土，也可在播后再浇一层腐熟浓粪渣。播种后如天气干燥，可覆盖遮阳网，也可与瓜果菜间作套种。幼苗出土日期依温度而定，春季6～8d出土，夏季3～4d。春季播种幼苗成活率高，每亩播种1～1.5kg；夏季天气炎热，幼苗死亡率很高，每亩播种2～2.5kg。

【间苗】出土后10～12d，1～3片真叶时第一次间苗，株距6～7cm。5～6片叶时第二次间苗，株距12～15cm。

每次拔除的苗都可作为产品上市。

【中耕和除草】结合间苗进行中耕除草。

【追肥】生长期间从1～2片真叶起，结合浇水将人粪尿兑水追肥。浓度随大白菜的长大而增加，最初为10%，渐增至30%。天气干热时，增加施用次数，降低浓度；天气冷凉多雨时，则减少施用次数而增加浓度。

【浇水】夏季天气炎热干旱时不能缺水，应在早晚浇肥水，不能在中午进行。

【防治病虫】散叶大白菜生长期多在高温干旱季节，病虫发生比较严重，用药要早，出苗后或害虫幼虫1～2龄时须及时喷药。

▪▪▪ 6. 迷你型大白菜栽培 ▪▪▪

【选择品种】选择个体小、极早熟、可高度密植、品质优良、脆嫩、风味好的迷你型品种（图7-20）。夏季栽培品种还应具有较强的耐热性和抗病毒病能力。

【冬春育苗移栽】冬春季栽培要求育苗，栽培温度在13℃以上。可采用128孔穴盘育苗（图7-21），播种期较定植期提前1个月。

图7-20　娃娃菜

图7-21　娃娃菜128孔穴盘育苗

（a）露地栽培　2月下旬至3月上旬采用日光温室或大棚加小棚设施育苗。温度一般控制在20～25℃，当幼苗有70%出土时，白天温度控制在20～22℃，夜温在13～16℃比较合适，以防夜温过低导致春化抽薹。

苗龄25～30d，3月下旬至4月上中旬定植，5月中旬至6月上旬收获。

（b）大棚栽培　可比露地栽培提早1个月播种、定植。

（c）温室栽培　又可比大棚栽培再提早1个月播种、定植。

【选择土地】选择透气好、耕层深、土壤肥力高、排灌方便的壤土、沙壤土地种植（图7-22），pH值以6.5～7.5为宜。

【大田施肥】一般每亩施腐熟农家肥2000kg（或商品有机肥300kg）、复合肥50kg，迷你型大白菜特别易出现缺硼症（图7-23），影响品质，故一般应基施硼砂0.5～1kg。

图7-22　适宜的土壤

图7-23　缺硼大白菜（植株剥开）

【芽前除草】施肥整地后，可每亩用33%二甲戊灵乳油75～120mL（也可用20%萘丙酰草胺乳油120～150mL、72%异丙甲草胺乳油100～150mL、72%异丙草胺乳油100～150mL或96%精异丙甲草胺乳油30～50mL），兑水40L喷雾，可防除多种一年生禾本科杂草和部分阔叶杂草。

【定植】

（a）春季定植　做宽1m的小高畦，沟宽40cm、深20cm，选择宽1.2m的地膜覆盖，每畦种4行，株行距均为25cm。定植后，用地膜加小棚覆盖。

（b）9月下旬育苗栽培　要覆盖地膜。做50cm宽小窄高畦，每畦2行，行间植株错开；或做1.0～1.2m宽平畦或高畦，每畦4～5行，宜密植栽培，行距25cm，株距20cm，每亩种植12000～13000株。

采用穴盘育苗的可在移栽前连盘带苗在配有多菌灵等杀菌剂的药水池中浸泡一下再移栽。

定植时，要注意理顺根系，定植后用手稍压紧稳蔸，防止出现主根打弯不向下扎导致植株吸收水肥能力差而长势差，影响产量（图7-24、图7-25）。

图7-24　大白菜定植不当致长势差

图7-25　大白菜定植不当造成的弯根现象

【结合浇水追施缓苗肥】缓苗后，结合浇缓苗水，每亩可追尿素10kg。

【保温】生长前期，采用温室、大棚栽培，夜间温度尽可能保持在13℃以上。白天在保温的基础上每天小放风除湿，以减少霜霉病发生。

【中耕除草】及时中耕除草。在禾本科杂草较多较大时，可选用10%精喹禾灵乳油50～125mL（也可用10.8%高效氟吡甲禾灵乳油40～60mL、10%喔草酯乳油60～80mL、15%精吡氟禾草灵乳油75～100mL、10%精噁唑禾草灵乳油75～100mL、12.5%烯禾啶乳油75～125mL或24%烯草酮乳油40～60mL），兑水45～60L喷雾，视草情、墒情确定用药量，可防除多种禾本科杂草（图7-26）。

图7-26　大白菜草害田间表现

【降温除湿】设施栽培，在生长中后期，夜间保温，白天要特别注意通风降温和除湿，待夜间最低气温升至13℃以上时充分打开周边棚膜，昼夜通风，白天最高气温维持在25℃左右。

【防治病虫害】生长期注意病虫害（如软腐病、菌核病、黑斑病、根肿病，以及蚜虫、黄曲条跳甲、菜青虫、猿叶甲等）的防治。

【控水控肥】莲座期水分不能过多，只在干旱时酌情浇少量水，直至结球才浇水，适当控制肥水，不宜大肥大水。

【结合浇水追施结球肥】结球期，每亩再随水追施硫酸铵或复合肥20kg。

结球后期应控制水分，收获前7d停止浇水。

结球期间，最好在阴天或晴天下午4时后叶面喷施磷酸二氢钾2～3次。叶面喷洒0.2%～0.4%硼砂（酸）溶液2～3次，每次间隔10d，每亩喷溶液50～60L，有利于防止缺硼症。

【采收】生产上应分期播种，分期采收，均衡上市。80%包心时开始采收。

迷你型大白菜还可夏秋直播或育苗移栽，其要点如下：

【秋露地直播】播种期为8月下旬至9月中旬。

【育苗移栽】一般选择128孔穴盘。秋季育苗处在高温期，最好采用黑色遮阳网覆盖。

一般在定植前5～7d进行变光炼苗，将遮阳网全部撤去，并浇一次大水，使秧苗适应露地环境，具体操作可根据天气灵活掌握。

其他管理同冬春育苗移栽。

7. 大白菜主要病虫害防治安全用药

防治对象	药剂名称	剂型	施用方式	稀释倍数或用药量	安全间隔期/d
猝倒病（图7-27）、立枯病（图7-28）	霜霉威盐酸盐	72.2%可湿性粉剂	喷雾	500倍	3
	噁霉灵	30%可湿性粉剂	喷雾	800倍	7
	烯酰·锰锌	69%可湿性粉剂	浇灌	900倍	4
病毒病（图7-29）	盐酸吗啉胍·铜	20%可湿性粉剂	喷雾	500倍	7
	菇类蛋白多糖	0.5%水剂	喷雾	300倍	7
软腐病（图7-30）	中生菌素	1%水剂	喷雾	200倍	8
	敌磺钠	70%可湿性粉剂	灌根	800～1000倍	10
霜霉病（图7-31）	霜脲·锰锌	72%可湿性粉剂	喷雾	600倍	7
	霜霉威盐酸盐	72.2%水剂	喷雾	800倍	3
菌核病（图7-32）	甲基硫菌灵	70%可湿性粉剂	喷雾	800～1000倍	7
	乙烯菌核利	50%可湿性粉剂	喷雾	1000倍	7
黑斑病（图7-33）	百菌清	75%可湿性粉剂	喷雾	500～600倍	10
	苯醚甲环唑	10%水分散粒剂	喷雾	1500倍	7～10
细菌性角斑病（图7-34）	甲霜铜	50%可湿性粉剂	喷雾	600倍	5
	氢氧化铜	77%可湿性微粒粉剂	喷雾	600倍	3～5
灰霉病（图7-35）	乙烯菌核利	50%可湿性粉剂	喷雾	1000～1500倍	7
	腐霉利	50%可湿性粉剂	喷雾	1500～2000倍	1
黑腐病（图7-36）	苯醚甲环唑	10%水分散粒剂	喷雾	2000倍	7～10
	春雷·王铜	47%可湿性粉剂	喷雾	800倍	7
褐腐病（茎基腐病、脱落病）（图7-37）	噁霉灵	30%水剂	灌根	1500倍	7
	戊唑醇	43%悬浮剂	灌根	3000倍	14
	甲基硫菌灵	70%可湿性粉剂	灌根	600倍	7
根肿病（图7-38）	噁霉灵	96%粉剂	喷雾	3000倍	7
	氰霜唑	10%悬浮剂	喷雾	50～100mg/kg	3
炭疽病（图7-39）	咪鲜胺锰盐	50%可湿性粉剂	喷雾	1500倍	7
	噁唑菌酮	68.75%水分散粒剂	喷雾	800倍	20
根结线虫病（图7-40）	棉隆	98%颗粒剂	土壤处理	30～40g/m^2	
	威百亩	35%水剂	沟施	4～6kg/亩	
蚜虫（图7-41）	抗蚜威	50%可湿性粉剂	喷雾	2000～3000倍	11
	吡虫啉	10%可湿性粉剂	喷雾	1500倍	10
猿叶甲（图7-42）	氯氰菊酯	10%乳油	喷雾	2000～3000倍	5
	敌敌畏	50%乳油	喷雾	1000倍	5

防治对象	药剂名称	剂型	施用方式	稀释倍数或用药量	安全间隔期/d
黄曲条跳甲（图7-43）	敌敌畏	50%乳油	喷雾	1000倍	5
	氟啶脲	5%乳油	喷雾	4000倍	7
	氟虫脲	5%乳油	喷雾	4000倍	10
小菜蛾（图7-44）	高效氯氟氰菊酯	2.5%乳油	喷雾	3000倍	3
	阿维菌素	1%乳油	喷雾	30～40mL/亩	7
菜青虫（图7-45）	高效氯氟氰菊酯	2.5%乳油	喷雾	1500～2500倍	3
	氰戊菊酯	20%乳油	喷雾	1500～3000倍	12
夜蛾类（图7-46、图7-47）	高效氯氰菊酯	4.5%乳油	喷雾	0.8～1.5g/亩	
	虫螨腈	10%悬浮剂	喷雾	1000～1500倍	14
	氟啶脲	5%乳油	喷雾	1000倍	7
小地老虎	辛硫磷	50%乳油	喷雾	800倍	6
	虱螨脲	5%乳油	喷雾	1000倍	10～14
蜗牛、蛞蝓（图7-48、图7-49）	四聚乙醛	6%颗粒剂	撒施	600g/亩	7

图7-27 大白菜猝倒病

图7-28 大白菜立枯病嫩茎基部缢缩，根腐烂

图7-29 大白菜病毒病

图7-30 大白菜软腐莲座期发病状

图7-31　大白菜霜霉病

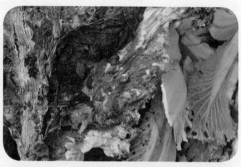

图7-32　大白菜菌核病海绵状表面粗糙

图7-33　大白菜黑斑病叶片正面病斑

图7-34　大白菜细菌性角斑病叶片背面斑点

图7-35　大白菜灰霉病灰色霉状物

图7-36　大白菜黑腐病发病叶片V字形病斑

图7-37　大白菜褐腐病叶球湿腐状

图7-38　大白菜根肿病根部肿大呈瘤状

图7-39　大白菜炭疽病叶柄病斑

图7-40　大白菜根结线虫病

图7-41　蚜虫危害大白菜叶片背面

图7-42　猿叶甲危害大白菜

图7-43　黄曲条跳甲危害大白菜

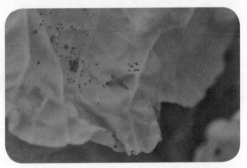

图7-44　小菜蛾幼虫咬食大白菜叶片

图7-45　菜青虫危害大白菜幼苗

图7-46　斜纹夜蛾幼虫危害大白菜

图7-47 甜菜夜蛾幼虫危害大白菜

图7-48 被蜗牛危害的大白菜

图7-49 大白菜里的蛞蝓

八、小白菜

1. 春小白菜栽培

【选择品种】在 3 月下旬之前播种宜选用冬性强、抽薹迟、耐寒的晚熟品种（图8-1）。

在 3 月下旬之后播种，多选用早熟和中熟品种，可露地播种。

【选择播期】春小白菜可于 2 月上旬至 4 月下旬分批播种，可直播（图8-2）或移栽，以幼苗或嫩株上市。

图8-1　选择适宜的品种

图8-2　撒播的小白菜（子叶期）

【种子处理】用 50% 福美双可湿性粉剂或 75% 的百菌清可湿性粉剂，按种子量的 0.4% 拌种，可预防霜霉病、黑斑病；用菜丰宁或专用种子包衣剂拌种，可预防软腐病。

【播种】每亩播种 1.2～1.5kg。播种后用 40%～50% 腐熟人畜粪盖籽，或盖细土 1～1.5cm 厚，并盖严薄膜，夜间加盖草苫等防寒。以后视天气和畦面干湿情况决定是否浇水。

【苗期管理】一般间苗 2 次，第一次在秧苗 2～3 片真叶时进行，使苗距达2～3cm。第二次在 4～6 片真叶期进行，间苗后使苗距保持 4～5cm。

【整地】选择排灌方便、肥沃疏松、通气性好、前茬为非十字花科作物的田块，采取窄畦深沟栽培，早耕、多翻、打碎、耙平，耕层的深度在 15～20cm。

【大田施肥】每亩施腐熟农家肥 1500～2000kg（或商品有机肥 200～300kg）、

硫酸铵 20～30kg、过磷酸钙 10～15kg 作基肥。

【做畦】畦宽 1.5～2m，要求畦面平整。

【定植】移栽时，苗龄 15～25d，行距 20～25cm，株距 15cm。

【浇定根水肥】定植后，可直接用浓度为 20%～30% 的腐熟粪水定根，注意浇粪水时不要淹没菜心。

【清沟排水】春天多雨，土壤易板结，应及时清沟排水。

【中耕除草】要及时浅中耕，清除田间杂草。

【结合浇水勤施肥】成活后，每 3～4d 追施一次粪肥。晴天土干，追肥次数要勤，浓度宜小；雨后土湿，追肥次数要减少，且浓度宜适当加大。

【采收】一般在直播后 30～50d 以嫩苗上市，也可高密度移栽，在定植后 25～35d 采收（图 8-3）。

图8-3 采收的小白菜

春小白菜除育苗移栽外，还可直播，幼苗上市的，只需在出苗后，选晴天追施 1～2 次浓度为 20%～30% 的腐熟粪肥。

2. 夏秋小白菜栽培

【选择品种】选用抗病、耐热的早中熟品种，如高脚白、上海青、热抗白、热抗青。

【选择播期】5～9 月分期分批播种，也可与其他夏秋作物套种，在播后 20～30d 上市，秋季有极小部分留坐蔸或移栽株以嫩株上市。

【选地整地】前作蔬菜出园后，深翻土壤，烤晒过白。

【大田施肥】每亩施腐熟农家肥 1000～2000kg（或商品有机肥 100～200kg），整地时泼施，并施石灰 70～100kg。

【做畦】做成高畦、窄畦、深沟，畦面耙平耙细。

【直播】一般直播（图 8-4），播种要遍撒均匀，每亩用种量 1～1.3kg。

【遮阴】高温干旱季节，利用大棚或小拱棚覆盖银灰色遮阳网（图 8-5），全天覆盖。

也可在播种或定植后的生长前期，晴盖阴揭，早盖晚揭，雨前盖雨后揭。

在定植夏秋黄瓜和豇豆的同时，可播种夏秋小白菜，优势互补，能保持菜土湿润。

【间苗】幼苗出土后，应保持地表湿润，如果密度过大，可间苗 2 次。

【小水勤浇】齐苗后，每天浇水 1～2 次，小水勤浇。

【薄肥薄水】采收前 7d，停止浇淡粪水，而改浇清水。

图8-4 夏小白菜直播栽培

图8-5 夏小白菜小拱棚遮阴直播

在盛夏由原来的每天浇 2 次水变为每 2d 浇一次水，最短 20d 即可上市，且整个生长过程中不需喷农药。

【采收】宜在播种后 20～30d，及时采收嫩株上市。

▪▪▪ 3. 秋冬小白菜栽培 ▪▪▪

【选择品种】宜选择耐寒力较强、品质好的中熟品种，如矮脚黄、箭杆白、乌塌菜。

【选择播期】一般 8 月中旬至 10 月上旬分期分批播种，部分以幼苗上市，多数定植后以成株上市。每亩播种 1.2～1.5kg。

【苗期管理】对于移栽苗床应在苗期间苗 2 次。出苗后 6～10d，幼苗 1～2 片真叶时，第一次间苗，苗距 3cm 左右。隔 5～7d 后，进行第二次间苗，苗距 6cm 左右。每次间苗后，应施一次淡粪水，促苗壮苗。

【施足基肥】定植前，每亩施腐熟农家肥 1500～2000kg（或商品有机肥 200～300kg）。

【定植】一般于 10～11 月定植，株距 15～25cm，行距 20～35cm。10 月份以后栽植可深些，有利于防寒，沙壤土可稍深栽，黏土应浅栽。

【浇定根水】定植后缓苗前，及时浇定植水，视气温和土壤湿润情况在第二天早晚再各浇一次水。

【薄水淡肥】缓苗后，每隔 3～4d 浇一次淡粪水。晴天土干宜稀，阴雨后土湿宜浓；生长前期宜稀，后期宜浓。

【清沟排渍】下雨时注意清沟排水，防积水。

【浓肥促长】定植后 15～20d，重施一次浓度为 30%～40% 的粪肥（图 8-6）。

图8-6 小白菜秋冬栽培

4. 小白菜大棚越夏栽培

越夏小白菜有两种栽培方式：一是适当稀播，经多次间苗至一定苗距后，植株在原地生长至上市，以这种方式生产的称为原地菜（图8-7）；另一种方式是播种育苗，秧苗长至一定大小时移栽到大田，以这种方式生产的称为种棵菜。

【选择播期】越夏小白菜以收获菜秧为主，5月上旬至8月上旬可随时播种，不断收获。

【准备大棚】采用"大棚＋防虫网＋穴盘（50穴或72穴）＋基质＋黄板＋太阳能诱虫灯＋微喷"模式。具体操作为：在棚的四周盖上防虫网，并压实；在棚头把预留的棚门剪开，便于人员进出；棚顶再盖一层薄膜；棚内上方挂黄板，棚外架设多台太阳能诱虫灯；穴盘下铺一层薄膜。腐殖质水提取液补充营养，进行小白菜快速生产。

【基质装盘】装盘前先将基质喷水拌匀，然后装盘，刮去盘面上多余部分，穴盘排放在栽培床上（图8-8）。普通大棚中间留过道50cm，两边为栽培床，每个栽培床放5只或6只穴盘，连栋棚室根据棚宽铺设栽培床。播前均匀浇足底水，使基质自然下沉。

图8-7　小白菜大棚越夏直播栽培

图8-8　小白菜漂浮育苗

【播种】夏季气温高，小白菜生长快，种植密度大，一般采用直播（机械或者人工），每亩用种量为500～750g，每穴播4～5粒种子。播种后再用拌好的基质覆盖1～1.5cm，随后刮平。播种后，棚顶覆盖遮阳网，早晚在基质上用微喷设备各喷1次水，保持基质湿度在85%以上，3d后齐苗。

【遮阴】定植前大棚顶部覆盖遮阳网，一般上午10时棚顶盖上遮阳网，下午16时前揭掉遮阳网。

【定植】夏播育苗期为20～25d，株行距15cm×20cm，每亩栽11000～12000株。定植不宜过深，将根埋没即可。

【追肥】以速效氮肥为主。定植成活后约施3次追肥，每5～7d一次，前两次每亩施尿素 5kg 左右，第三次 10～15kg。

【浇水】定植后浇水 2～3 次，经 3～4d 即可成活。同时注意水分的供应，必须保持畦面湿润。淋水应看天气而定，晴天每天淋水 2 次，早晚各 1 次。

【防虫】主要害虫有蚜虫和小菜蛾，应注意做好防治工作。

【采收】夏季出苗后 18～20d 可陆续采收，采收不宜过早，也不宜过晚。选择在凉爽的清晨或傍晚进行采收。收获后要及时遮盖，防止失水萎蔫，影响品质。

小白菜大棚越夏栽培除育苗移栽外，还可采用撒播栽培，其要点如下：

【撒播】采用深沟高畦，干旱时可在畦沟中经常保持一定的水层以增加湿度，降低土温。夏季小白菜生长迅速，宜稀播，播后随即用耧耙轻耧一遍，使土盖没种子，而后在畦面上踏实一遍。接着在畦面上覆盖遮阳网，降温保湿。

播种时，如遇干旱，可在播前先行灌溉，待水分渗入土中而土表稍干时，随即整地播种。

【管理】当出苗至 3 片真叶时进行第一次间苗，鸡毛菜可上市；植株长至 5～6 片真叶再间苗一次，原地菜苗株距 15～20cm。

5. 小白菜大棚早春栽培

【选择品种】小白菜大棚早春栽培（图 8-9）宜选用耐寒性强、不易抽薹、抗病丰产的品种，如四月慢、四月白、亮白叶。

【选择播期】可在 1 月上旬至 2 月上旬播种。采用条播、撒播或育苗移栽。

【种子处理】播种前，将种子放在光照充足的地方晾晒 3～4h，然后放入 50℃ 温水中浸种 20～30min，再在 20～30℃ 水中浸种 2～3h，捞出晾干即可播种；或在 15～20℃ 下进行催芽，24h 出齐芽进行播种。

也可在播种前用种子质量 0.3% 的 25% 甲霜灵可湿性粉剂（也可用 75% 百菌清可湿性粉剂或 50% 多菌灵可湿性粉剂）拌种，可防治病毒病、黑腐病、菌核病等种传病害。

图8-9　小白菜大棚早春栽培

【播种】清晨或傍晚浇水后，将种子撒入播种畦内，覆土 1cm 厚。撒播用种量可略多于条播。撒播还可以采用种子干播。

【苗期管理】播后加强防寒保温，棚内最好盖地膜，播后将地膜直接盖在畦面上即可。出苗后揭去地膜。及时间苗，第一次间苗在 1 叶 1 心时进行，苗距 2cm；3～4 片真叶时进行第二次间苗，苗距 5～6cm。

需移栽的，定植前 10d 左右要进行低温炼苗。

【大田施肥】每亩施腐熟农家肥 3000～5000kg（或商品有机肥 400～600kg）、磷酸二铵 20～25kg、硫酸钾 10～15kg，或 45% 三元复合肥 40～50kg。

【整地做畦】施肥后深耕，耙平，做成 0.9～1.5m 宽的高畦。

【定植】苗龄 30d 左右，4～5 片真叶，选冷尾暖头的晴天定植。在长江中下游地区宜在 2 月上旬至 3 月上旬定植。行距 18～20cm，株距 8～10cm，每亩定植约 4 万株。定植后浇足定根水（图 8-10）。

图8-10 小白菜育苗移栽

【闭棚缓苗】定植以后，密闭棚室，高温高湿促缓苗。

【保温】当新叶初展，白天保持温度在 20～25℃，夜间在 5～10℃，温度超过 25℃进行通风，温度降至 20℃时关闭通风口。

【肥水管理】当新叶完全展开（缓苗后 10～15d），开始追肥浇水。生育期最多浇 3 次水即可，结合最后一次浇水（在采收前 7～10d），每亩追施尿素 10kg 或硫酸铵 15kg。

有滴灌条件的可进行微喷，没有滴灌设施的可将化肥溶解后随水冲施。

【防治病虫】小白菜大棚早春栽培主要病害有软腐病、黑腐病、霜霉病，主要虫害有菜青虫、甜菜夜蛾、蚜虫等，应及早防治。

【采收】播种后 30d 便可间拔收获，10～15d 内分 3～4 次收完。

6. 小白菜防虫网覆盖直播栽培

【选择品种】宜选用品质好、市场适销、抗热或耐热白菜品种。

【选择播期】4 月下旬至 11 月上旬以采用防虫网覆盖栽培（图 8-11）为宜。

（a）高架平顶棚　以 4～11 月覆盖栽培为宜。

（b）标准钢架大棚　既有 4～11 月覆盖栽培的，也有利用现有大棚春夏菜换茬，6 月中下旬至 9 月上中旬采用防虫网覆盖栽培或避雨栽培的。

【大棚设置】目前大面积推广应用的有高架平顶棚、标准钢架大棚、连栋大棚三种类型。

（a）高架平顶棚（图 8-12）　面积以 2000～3334m² 为宜，棚架高以 2～3m 为宜。

（b）标准钢架大棚　有两种形式：一是全棚覆盖，每亩防虫网用量为 1000m²；二是可采用留大棚顶部棚膜，将棚四周裙膜换成防虫网的避雨栽培模式。

（c）连栋大棚　顶部为塑料膜，四周裙膜换成防虫网。

图8-11　小白菜防虫网全程　　　　图8-12　防虫网水平棚室覆盖栽培
　　　　覆盖栽培　　　　　　　　　　　　　小白菜效果图

【覆盖防虫网】以20～25目白色网或浅灰色网为宜，也可采用顶部为浅灰色，两侧为白色的防虫网。

【施足基肥】4月上中旬，在防虫网覆盖之前，及时耕翻土壤，结合整地施足基肥。一般每亩施腐熟农家肥3000～4000kg（或商品有机肥400～500kg）、过磷酸钙50～100kg，然后整地做畦。

【整地做畦】一般高架平顶棚栽培畦宽以1.5～1.8m为宜。标准钢架大棚每棚纵向做3条1.8m宽的畦，畦高10cm左右，同时要求畦面平整或畦中间略高呈微拱形，防止畦面积水烂苗。

做畦盖网后，播种前一周，采用高效低毒低残留农药进行喷洒，以降低害虫量。

【直播】4月下旬开始播种，选择晴天下午或傍晚播种。每亩播种量1～1.5kg，春秋季适当增加密度，播种量略多于夏季。

为保证播种均匀，可用干细土1.5～2kg与种子拌匀后播种。

【防虫】小白菜生长期间，进出网棚要随手带上门，防止棚外害虫进入。如发现有虫子危害，可人工捕捉成虫或卵，生长期严禁采用农药防治。

【浇水】播后及时灌水，要求灌匀、灌透。梅雨季节、夏秋季高温暴雨时节要注意清沟理墒。

【遮阴】有条件的7～8月可在防虫网顶部加盖一层遮阳网，有较好效果。

【追肥】一般情况下，每茬小白菜生长期间不施肥，如需要则可适当少量追肥，结合灌水每亩追施4～5kg尿素。

【采收】防虫网栽培小白菜1个生产周期以25～28d为宜，一般根据市场价格与需求确定采收时期。

7. 小白菜主要病虫害防治安全用药

防治对象	药剂名称	剂型	施用方式	稀释倍数或用药量	安全间隔期/d
猝倒病、立枯病（图8-13）	敌磺钠	70%可湿性粉剂	喷雾	600～800倍	10
	甲基立枯磷	20%乳油	喷雾	1200倍	10
病毒病（图8-14）	盐酸吗啉胍·铜	20%可湿性粉剂	喷雾	500倍	7
	菇类蛋白多糖	0.5%水剂	喷雾	300倍	7
软腐病（图8-15）	春雷·王铜	47%可湿性粉剂	喷雾	400～600倍	7
	氢氧化铜	58.3%干悬浮剂	喷雾	600～800倍	3～5
霜霉病（图8-16）	霜脲·锰锌	72%可湿性粉剂	喷雾	600倍	3
	霜霉威盐酸盐	72.2%水剂	喷雾	800倍	3
菌核病（图8-17）	甲基硫菌灵	70%可湿性粉剂	喷雾	800～1000倍	7
	乙烯菌核利	50%可湿性粉剂	喷雾	1000倍	7
黑斑病（图8-18）	百菌清	75%可湿性粉剂	喷雾	500～600倍	7
	苯醚甲环唑	10%水分散粒剂	喷雾	1500倍	7～10
白斑病（图8-19）	甲基硫菌灵	50%可湿性粉剂	喷雾	500倍	7
	代森锰锌	70%可湿性粉剂	喷雾	400～500倍	15
黑腐病（图8-20）	苯醚甲环唑	10%水分散粒剂	喷雾	2000倍	7～10
	春雷·王铜	47%可湿性粉剂	喷雾	800倍	7
根肿病（图8-21）	噁霉灵	96%粉剂	喷雾	3000倍	7
	氰霜唑	10%悬浮剂	喷雾	50～100mg/kg	3
炭疽病（图8-22）	咪鲜胺锰盐	50%可湿性粉剂	喷雾	1500倍	7
	甲基硫菌灵	70%可湿性粉剂	喷雾	600倍	7
白锈病（图8-23）	甲霜灵	25%可湿性粉剂	喷雾	800倍	7
	噁霜灵	64%可湿性粉剂	喷雾	500倍	3
根结线虫病	棉隆	98%颗粒剂	土壤处理	30～40g/m²	
	威百亩	35%水剂	沟施	4～6kg/亩	
蚜虫（图8-24）	抗蚜威	50%可湿性粉剂	喷雾	3000～4000倍	7
	吡虫啉	10%可湿性粉剂	喷雾	1000～2000倍	10
猿叶甲（图8-25）	氯氰菊酯	10%乳油	喷雾	2000～3000倍	5
	敌敌畏	50%乳油	喷雾	1000倍	5
黄曲条跳甲（图8-26）	敌敌畏	50%乳油	喷雾	1000倍	5
	氟啶脲	5%乳油	喷雾	4000倍	7
小菜蛾（图8-27）	高效氯氟氰菊酯	2.5%乳油	喷雾	3000倍	3
	阿维菌素	1%乳油	喷雾	30～40mL/亩	7

防治对象	药剂名称	剂型	施用方式	稀释倍数或用药量	安全间隔期/d
菜青虫（图8-28）	高效氯氟氰菊酯	2.5%乳油	喷雾	1500～2500倍	3
	氰戊菊酯	20%乳油	喷雾	1500～3000倍	12
夜蛾类（图8-29、图8-30）	虫螨腈	10%悬浮剂	喷雾	1000～1500倍	14
	氟啶脲	5%乳油	喷雾	1000倍	7
小地老虎	辛硫磷	50%乳油	喷雾	800倍	6
	虱螨脲	5%乳油	喷雾	1000倍	10～14
蜗牛、蛞蝓	四聚乙醛	6%颗粒剂	撒施	600g/亩	7

图8-13　小白菜立枯病

图8-14　小白菜病毒病

图8-15　小白菜软腐病

图8-16　小白菜霜霉病病叶叶背

图8-17　小白菜菌核病

图8-18　小白菜黑斑病病叶正面

图8-19　小白菜白斑病

图8-20　小白菜黑腐病病叶

图8-21　小白菜根肿病

图8-22　小白菜炭疽病病叶

图8-23　小白菜白锈病叶片背面斑点

图8-24　蚜虫危害小白菜

图8-25　猿叶甲危害小白菜

图8-26　黄曲条跳甲成虫危害小白菜秧苗

图8-27 小菜蛾幼虫危害小白菜

图8-28 菜粉蝶幼虫危害小白菜苗

图8-29 斜纹夜蛾幼虫危害小白菜

图8-30 甜菜夜蛾危害小白菜

九、菜 心

1.春菜心栽培

【选择品种】宜选用中熟品种，如60特青、宝青60。

【选择播期】一般3月下旬至4月播种，可以直播，也可育苗移栽。5月下旬至7月上旬采收。

直播（图9-1）省时省力，生产上常用，但用种量大，生长不整齐。为了节省土地和使植株生长整齐一致，取得高产，最好采用育苗移栽方式。

【设置苗床】育苗床应选用壤土或沙壤土地块，应避开前茬为十字花科作物的地块。每亩施入充分腐熟农家肥3000kg（或商品有机肥400kg）以上，肥料施入后，土肥要混匀，然后耙平，做成平畦。

【种子处理】用55℃温水恒温浸种10min，搅动，自然冷却，水温降至室温后，浸泡4h，然后用洁净的湿布包起，放在25～30℃的温度下催芽，保持包布湿润，待种子破壳露芽时播种。

【播种】播前育苗畦应充分浇水，水渗后撒播，每亩苗床用种量250～350g，播后畦面覆土0.5～1cm厚。

【苗期管理】苗出齐后，应立即间苗，从出苗至定植前应间苗2～3次，最后苗距保持在3～5cm（图9-2）。

图9-1 春菜心直播栽培

图9-2 间苗后的菜心

幼苗具 2～3 片真叶后，视生长状况每亩可追施尿素 10kg 或充分腐熟人畜禽粪尿 500～1000kg，以促进幼苗生长。

苗床土壤湿度应保持见湿见干状态，每隔 7～8d 浇一次水。当幼苗具 4～5 片叶，苗龄达 18～22d 时，即可定植。

【整地施肥】应选用疏松肥沃的壤土或沙壤土地块，前茬应没种过十字花科作物，直播或定植前耕翻土壤 25～30cm。每亩施入充分腐熟农家肥 1000～1500kg（或商品有机肥 100～200kg）、复合肥 50～70kg，于定植前 5～7d 施入，土肥混匀。

【做畦】

（a）平畦　按畦宽 1.0～1.2m 做畦，畦内搂平并轻踩一遍。

（b）高畦　按畦宽 1.3～1.5m、畦高 20～25cm 做畦。

【定植】

（a）定植规格　定植的行株距，早熟品种为 16cm×13cm，晚熟品种为 22cm×18cm。

（b）定植方法　定植前育苗床先浇小水，以便于起苗。定植时子叶应与畦面齐。选择晴好天气于早上定植。定植后及时浇定根水。

【结合浇缓苗水追肥】幼苗定植后 4～5d，应浇缓苗水，结合浇水，每亩追施尿素 10kg。

注意：菜心缓苗快，生长迅速，且需肥量大，应及时追肥。追肥以速效性氮素化肥（如尿素、硫酸铵、碳酸氢铵等）为主，但不能施用硝酸铵。

【追肥促长】植株现蕾（图9-3）时，每亩再追施尿素 15kg，促进菜心充分发育。

【采收】菜心可收主薹和侧薹。当主薹顶端长到与叶片相平，先端有初花（俗称"齐口花"）时，为主薹的采收适期（图9-4）。

【追肥促侧薹】在大部分主薹采收后，晚熟品种可再追施第三次肥料，每亩追施尿素 10kg，促进侧薹发育。

图9-3　菜心现蕾期

图9-4　菜心开花期

2. 秋菜心栽培

【选择品种】宜选用早熟、中熟品种，如四九 19 号、四九 20、60 特青、宝青 60。

【选择播期】秋菜心一般采用露地栽培，9～10 月播种，多撒播（图9-5），也可育苗移栽。11 月至翌年 1 月采收。

图9-5　秋菜心撒播栽培

【制作苗床】育苗地应选择地势高燥、肥沃、易排易灌的壤土或沙壤土地块。每亩施入充分腐熟农家肥 3000kg（或商品有机肥 300kg）以上，土肥混匀，耙平，做成平畦。

【播种】将种子均匀撒入畦面，再用四齿浅划畦面，然后镇压、浇水。为防止太阳暴晒和雨水冲刷，播后畦面最好搭阴棚。为防止畦面板结影响出苗，并降温防病，播后应勤浇小水。

【除草】播前或播后苗前处理除草剂，建议选用丁草胺、异丙甲草胺、甲草胺、精异丙甲草胺、敌草胺、禾草丹等，不要用氟吡甲禾灵。

每亩用 60% 丁草胺乳油 75～100mL，加水 60～70L，搅拌均匀后，将药液仔细周到地喷雾于畦面。施药后 7～10d，保持地表湿润，除草有效率可达 90% 以上，持续有效期 20～25d。

图9-6　菜心除草剂药害

或每亩用 72% 异丙甲草胺乳油 100mL，加水 50L，播前 1～2d，阴雨天或田间湿度大时喷施，然后播种。

要特别注意使用浓度，切勿过量和过多使用，以防产生药害（图9-6）。

【苗期管理】出苗后应及时间苗（图9-7）。间苗后视生长情况，适当地追施氮素化肥，每亩追施尿素 10kg 左右（图9-8）。

图9-7　菜心间苗

图9-8　给菜心追施尿素（最好溶化后施）

【整地施肥】选择前茬没种过十字花科蔬菜的壤土或沙壤土地块定植。每亩施入充分腐熟农家肥3000kg（或商品有机肥400kg）以上，并将土肥混匀，耙平，做成平畦。为防止涝害，也可做成小高畦，以利于排水。

【定植】当幼苗具4～5片叶时即可定植。早熟种定植株行距13cm×16cm，中熟种15cm×18cm。

【浇水保湿】定植后及时浇定根水，2～3d后再浇缓苗水。以后仍应注意勤浇小水，保持土壤湿润。生产上常采用喷灌设施进行水肥一体化浇水施肥（图9-9），省工省效。

图9-9　菜心栽培基地的喷灌设施

注意：因初秋外部气温高，土壤蒸发量大，植株生长迅速，且易发生病毒病，浇水既是作物生长的需要，也是降温防病的需要。

进入九十月份，气温逐渐下降，应逐步减少浇水次数和浇水量，由每6～7d浇一次水过渡到每8～9d浇一次水。

【追肥】结合浇水，追施氮素化肥1～2次，每亩追施尿素10kg，但禁用硝酸铵。

【采收】秋菜心仅收主薹，因气温渐低，侧薹生长不良，收后即铲除枯株乱叶。

3. 越冬菜心设施栽培

【选择品种】越冬菜心宜选用晚熟品种，如迟心2号、迟花80天。

【选择播期】越冬菜心一般11月至翌年3月均可播种。一般撒播，也可育苗移栽。翌年2月至5月采收。

【准备设施】由于菜心的耐寒性较强，可采用阳畦、改良阳畦、塑料大棚（图9-10）和日光温室等在冬季寒冷季节栽培。

【育苗】因育苗期正值寒冬，育苗应在日光温室（图9-11）或改良阳畦内进行，白天保持温度在15～20℃，夜间保持在10～12℃，育苗畦内应尽量避免0℃以下

图9-10　菜心塑料大棚育苗

图9-11　菜心温室大棚栽培

低温，以防冻害。除在播种时浇足底水外，整个苗期不再浇水。

【整地施肥】选择壤土或沙壤土地块定植。定植前每亩施入充分腐熟农家肥3000kg（或商品有机肥400kg），土肥混匀，耙平，做成平畦。

定植前15～20d在设施外扣严塑料薄膜，夜间加盖草苫，以提高定植地地温。

【定植】冬季幼苗生长缓慢，苗龄需30d左右，当幼苗有4～5片叶时即可选晴天定植，株行距为18cm×22cm。

【浇定根水】定植后浇定根水。

【保湿】浇水量宜小，次数宜少，只要土壤湿润就不浇水，一般10～15d浇一次水。

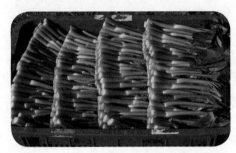

图9-12 菜心在田间采收的同时进行分级装框

【中耕】为了提高地温，浇水后可进行浅中耕。

【结合浇水追施缓苗肥】结合浇水，追施2次氮素化肥：第一次在定植缓苗后进行，每亩追施尿素10kg；第二次在植株现蕾时进行，每亩追施尿素15kg。

【采收】越冬菜心的收获标准与春菜心相同，但应考虑经济效益，只要市场价格合适，可以提早或延后收获（图9-12）。

4. 菜心主要病虫害防治安全用药

防治对象	药剂名称	剂型	施用方式	稀释倍数或用药量	安全间隔期/d
猝倒病、立枯病	敌磺钠	70%可湿性粉剂	喷雾	600～800倍	10
	甲基立枯磷	20%乳油	喷雾	1200倍	10
病毒病（图9-13）	盐酸吗啉胍·铜	20%可湿性粉剂	喷雾	500倍	7
	植病灵	1.5%乳油	喷雾	1000倍	7
软腐病	氢氧化铜	77%可湿性粉剂	喷雾	500～800倍	3～5
	敌磺钠	70%可湿性粉剂	喷雾	500～1000倍	10
霜霉病（图9-14）	霜霉威盐酸盐	72.2%水剂	喷雾	600～800倍	3
	菌核净	40%可湿性粉剂	喷雾	1200倍	7
	噻菌灵	45%悬乳剂	喷雾	800倍	10
菌核病（图9-15）	甲霉灵	65%可湿性粉剂	喷雾	6000倍	7～10
	菌核净	40%可湿性粉剂	喷雾	1200倍	7
	噻菌灵	45%悬浮剂	喷雾	800倍	10

防治对象	药剂名称	剂型	施用方式	稀释倍数或用药量	安全间隔期/d
白斑病（图9-16）	敌菌灵	50%可湿性粉剂	喷雾	400~500倍	7
	多菌灵	50%可湿性粉剂	喷雾	600~800倍	15
	氟硅唑	40%乳油	喷雾	6000~8000倍	7~10
	甲基硫菌灵	70%可湿性粉剂	喷雾	500~600倍	7
根肿病（图9-17）	噁霉灵	15%水剂	灌根	500倍	7
	甲基硫菌灵	70%可湿性粉剂	灌根	600倍	7
猿叶甲（图9-18）	氯氰菊酯	10%乳油	喷雾	2000~3000倍	5
	氰戊菊酯	20%乳油	喷雾	2000~3000倍	12
	敌敌畏	50%乳油	喷雾	1000倍	5
黄曲条跳甲（图9-19）	敌敌畏	50%乳油	喷雾	1000倍	5
	氟啶脲	5%乳油	喷雾	4000倍	7
	氟虫脲	5%乳油	喷雾	4000倍	10
小菜蛾（图9-20）	高效氯氟氰菊酯	2.5%乳油	喷雾	3000倍	3
	阿维菌素	1%乳油	喷雾	30~40mL/亩	7
	多杀霉素	5%悬浮剂	喷雾	70~100mL/亩	1
菜粉蝶（图9-21）	高效氯氟氰菊酯	2.5%乳油	喷雾	1500~2500倍	3
	氰戊菊酯	20%乳油	喷雾	1500~3000倍	12
	溴氰菊酯	2.5%乳油	喷雾	2000~3000倍	3
夜蛾类（图9-22）	虫螨腈	10%悬浮剂	喷雾	1000~1500倍	14
	氟啶脲	5%乳油	喷雾	1000倍	7
美洲斑潜蝇	斑潜净	25%乳油	喷雾	1500倍	
	阿维菌素	1.8%乳油	喷雾	3000倍	7

图9-13 紫菜心病毒病

图9-14 菜心霜霉病

图9-15 菜心菌核病（茎基软腐，
终致整棵菜心腐烂）

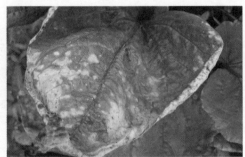

图9-16 紫菜心白斑病叶片上的病斑

图9-17 菜心根肿病

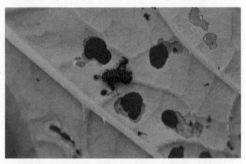

图9-18 猿叶甲幼虫咬食叶片成孔洞状

图9-19 黄曲条跳甲危害菜心

图9-20 菜心上的小菜蛾蛹

图9-21 菜心上的菜粉蝶

图9-22 甜菜夜蛾危害菜心

十、结球甘蓝

1.结球甘蓝春季栽培

【选择品种】选择耐低温、冬性较强、抽薹率低的早熟品种，如春丰、寒雅、争春、牛心。

注意：品种不要混杂，否则植株整齐度差，且冬性降低，容易先期抽薹。

【确定播期】一般 10～11 月在露地播种育苗（图 10-1）。也可于 12 月下旬至翌年 1 月上旬阳畦（温床）播种或在温室播种育苗。

【准备苗床土】每亩苗床基施充分腐熟有机肥 3000～5000kg，再配以氮磷钾复合肥 20～30kg，加少量微肥（例如硼肥），深翻，耙匀，做畦。

【床土消毒】用 50% 多菌灵可湿性粉剂与 50% 福美双可湿性粉剂按 1：1 比例混合，

图10-1　结球甘蓝露地撒播育苗

或用 25% 甲霜灵可湿性粉剂与 70% 代森锰锌可湿性粉剂按 9：1 比例混合，按每平方米用药 8～10g 与 4～5kg 过筛细土混合，播种时 2/3 铺于床面，1/3 覆盖在种子上。

【种子处理】种子用温汤浸种催芽后播种，也可以干籽直播，还可直接用相当于种子质量 0.4% 的代森锌或福美双拌种。

【播种】播种宜在晴天中午进行。在整平苗床后，稍加镇压，刮平床面，浇透底水，撒一层细营养土后再撒播种子，播后盖土 0.6～0.8cm 厚，然后盖地膜保温保湿。

【苗期管理】

（a）分苗　在 2 片真叶时分苗一次，若生长过旺则需分苗 2 次，第一次在破心或 1 叶 1 心时进行，第二次在 3～4 片真叶时进行（图 10-2）。

图10-2　假植后的结球甘蓝壮苗

（b）保温　在出苗前保护地内白天温度保持在 20～25℃，夜间在 15℃，幼苗出土后及时放风，以后夜间保持在 13～15℃，白天维持在 20～25℃，尽量减少低温的影响，以防未熟抽薹。当秧苗长出 3～4 片真叶以后不宜长期生长在日平均温度 6℃以下，可采用小拱棚覆盖增温。

（c）浇水　在苗床地表干燥时应浇透水，少次透浇。

（d）虫害　注意防治菜青虫。

【整地施肥】定植田块的前茬最好为非十字花科作物。采用深沟高畦。

结合整地每亩施腐熟农家肥 4000～5000kg（或商品有机肥 500～600kg）、复合肥 50kg，搅拌均匀平撒在地面上，深翻土地 20～30cm。

图10-3　春结球甘蓝大棚栽培

【定植】

（a）定植时间　在温度较低的 11～12 月内定植，幼苗长到 6～7 片叶为定植最佳时期。

（b）定植方法　一般采用大小行定植，覆盖地膜，北方每亩定植早熟品种 4000～6000 株，中熟品种 2200～3000 株，晚熟品种 1800～2200 株。南方每亩定植早熟品种 3500～4500 株，中熟品种 3000～3500 株，晚熟品种 1600～2000 株。定植后浇定根水。

【保温】缓苗期，大棚栽培的（图 10-3），要增温保温，通过加盖草苫、内设小拱棚等措施保温，适宜的温度为白天 20～22℃，夜间 10～12℃。

【浇缓苗水】定植后 4～5d，浇缓苗水。

【中耕培土】浇缓苗水后，要及时中耕、锄地、蹲苗。一般早熟品种宜中耕两三次，中晚熟品种三四次。第一次中耕宜深，要全面锄透、锄平整，以利于保墒。莲座期中耕，宜浅锄并向植株四周培土。

【追施苗肥】结球期前要形成一定的外叶数，重点在结球初期，施肥浓度和用量随植株生长而增加，天旱宜淡，每亩用 20%～30% 腐熟人粪尿 1000～1500kg。

【追施莲座肥】莲座期与结球期，大棚栽培的，白天温度控制在 15～20℃，夜间 8～10℃。每亩追施 40%～50% 人粪尿 1500～2000kg。

【结球期保湿】结球期要保持土壤湿润。大棚栽培的，浇水后要放风排湿，室温不宜超过 25℃，当外界气温稳定在 15℃时可撤膜。

【追施结球肥】植株封垄后，每亩用硫酸铵 10～15kg 或尿素 5～7.5kg，酌量增施磷、钾肥。收获前 20d 内，不得追施速效氮肥。

【结球后期控水】结球后期控制浇水次数和水量，干旱时应及时灌溉。

【采收】一般采收期是从定植时算起的，早熟品种 65d 左右，中熟品种 75d 左右，极早熟品种 55～65d。一般在 4 月底至 5 月初开始采收（图 10-4）。

结球甘蓝春季栽培除采用营养土育苗外，还可采用穴盘育苗（图10-5），其技术要点如下：

图10-4 适宜采收的京丰一号春结球甘蓝

图10-5 结球甘蓝穴盘育苗

【基质准备】 将商品基质与杀菌剂混合，每15kg基质加入15～20g 75%多菌灵及6kg的水，充分搅拌均匀，装盘前应把拌好的基质用塑料膜密闭，闷1～2d，让水分充分渗透基质。

【穴盘准备】 一般采用128孔（长51cm，宽28cm，高5cm）的聚乙烯塑料盘，旧穴盘可用1000倍高锰酸钾溶液浸泡10min，清洗消毒后备用。

【种子消毒】 针对当地的主要病害，可选用温汤浸种，或用0.1%高锰酸钾溶液浸种10min，用清水洗净后催芽。

【浸种催芽】 消毒后的种子温水浸泡6～8h后捞出洗净，置于发芽箱中，28℃左右保温保湿催芽。

【播种】 播种时将成品基质装入穴盘孔内，然后将装满基质的穴盘叠放5～6层，用制孔模板（3～4层空穴盘叠制）压制播种孔，孔深为7～8mm。

每穴播种1粒，播种后种子上覆盖蛭石或基质；将播种好的穴盘按2横1竖排放整齐；苗盘摆放好后，采用淋浴式喷头反复浇水，达到穴盘底中渗水；冬春低温期，播种浇水后苗盘要通过覆盖白色地膜、加盖小拱棚等进行保温（夏季育苗，高温期应在苗盘上盖遮阳网保湿降温）。

【苗期管理】

（a）温度管理 幼苗出齐到第1片真叶展平（图10-6），白天温度控制在18～20℃，夜间在8～10℃。幼苗5片真叶后，夜间温度尤其不能偏低，这就是结球甘蓝育苗中"控小不控大"的原则，即小苗可以低温控制，大苗不能低温控制，尤其夜间不能让大苗经受较长时间低温。大苗受低温影响后，极易通过春化，造成

图10-6 结球甘蓝穴盘育苗子叶期

未熟抽薹。

（b）水分管理　播种至齐苗阶段，冬春低温期一般不浇水（夏秋育苗，高温期浇小水 1～2 次）；齐苗后不干不浇。1～3 片真叶期，冬春低温期 2～4d 浇 1 次水，于晴天上午进行；夏秋高温期每天浇 1 次水，浇水时间以早晚为宜。

（c）肥料管理　根据苗情长势，如出现缺肥迹象可浇施 0.3% 硫酸钾型三元复合肥水溶液；若出现徒长趋势，浇施 0.2% 磷酸二氢钾水溶液。定植前 1～2d，浇施 0.3% 硫酸钾三元复合肥水溶液作为送嫁肥。

【移动穴盘】穴盘育苗时，幼苗根系易下扎到穴盘下面的土壤中，根系与基质不易凝聚。为克服这些现象，可用移动穴盘断根和调整位置的方法处理，幼苗每生长 1 片真叶时，移动穴盘一次，共移动 3～4 次。

【病虫防治】定植前 1～2d，喷施 50% 福美双可湿性粉剂 700 倍液（或 72% 霜脲·锰锌可湿性粉剂 800 倍液）加 10% 虫螨腈悬浮剂 1300 倍液，防治病虫害。

【壮苗标准】结球甘蓝壮苗标准为 60～70d 苗龄，有 6～8 片真叶。

2. 结球甘蓝夏季栽培

【选择品种】选择耐热性强、抗病、耐涝、生长期短、整齐度高的品种。

【选择播期】采用育苗移栽，一般 5 月上旬至 6 月上旬育苗，6 月上旬至 7 月上旬定植，8 月至 9 月中下旬收获。

【搭架】必须采用凉棚育苗，苗床四周用木料或竹竿打桩作主柱，架高 1.2m 左右，棚架上盖黑色遮阳网等遮阴。

【准备苗床】播种前苗床要浇足底水，使 8～10cm 深的土层呈饱和状态，最后一次洒水加 40% 辛硫磷乳油配成 1000 倍药水，可减少地下害虫为害。

【播种】待底水下渗无积水后，将 25% 甲霜灵可湿性粉剂与 70% 代森锰锌可湿性粉剂按 9∶1 混合，按每平方米苗床用药 8～10g 与 15～30kg 过筛细土混合配成药土，撒播种子前将 2/3 药土撒铺于床面，然后将种子均匀地撒播在上面，将另 1/3 药土覆盖在种子上，再在上面覆盖 0.7cm 左右的过筛细土。

注意：撒播种子时畦面应留有余地供搭小拱棚。为利于出苗，可在覆土后再用双层遮阳网或稻草等覆盖物覆盖畦面以保湿。

【苗期管理】

（a）出苗前，要勤检查，待大部分幼苗出土后，可在傍晚揭去覆盖物。

（b）齐苗后，选择晴天中午再次覆土，厚度 0.2cm 左右。

（c）幼苗长到 2～3 片真叶时及时分苗，苗距 8cm×10cm。分苗后苗床必须及时浇缓苗水，有条件的可将苗分植于营养钵内，分苗后及时搭棚避雨，并做好遮阴、中耕、防病防虫、水分管理等工作，苗长至 5～6 片真叶时定植。

【大田施肥】整地前，每亩施腐熟农家肥 5000kg，然后翻地做畦。

【整地做畦】选择地势高燥、排水方便的地块栽培。畦面一定要平，畦宽 1.5m。

【定植】苗龄 40～50d，有 5～6 片真叶时，应及时定植，株距 35cm，行距 45cm。定植后浇定根水，第二天上午必须再浇一次活棵水。如有缺苗应及时补苗。

注意: 夏结球甘蓝栽培定植时必须带土坨（图 10-7）。

【中耕】定植连浇 3 次水后，6～7d 基本缓苗，可中耕一次。浇水和雨后还要注意勤中耕。

注意: 夏季中耕不宜过深，划破地皮即可。如中耕过深对根系发育不利，雨后积水多，反而有碍植株生长（图 10-8）。

图10-7　适宜于定植的结球甘蓝苗

图10-8　雨后积水过多易致结球甘蓝沤根死苗

【第一次追肥】缓苗后进行，每亩随水追施尿素 8～10kg 或硫酸铵 10kg。4～5d 后再浇一次水，然后中耕一次。

注意: 由于夏季多雨，土壤养分流失多，应当采用少量多施的方法追肥。

【浇水保湿】夏结球甘蓝应在早晨或傍晚灌水，以避免高温、高湿带来的不良影响。一般应小水勤浇，5～6d 浇一次水。

结球膨大期水肥要供应充足，不能干旱。遇阴雨天气，要及时排渍。在下过热（阵）雨后，及时用深井水灌溉。

【第二次追肥】在第一次追肥后 10～15d 进行，每亩追施 8～10kg 尿素。

【采收】结球甘蓝叶球充分膨大时采收，连续阴雨天应适当早收，以免产生裂球（图 10-9）和发生病害。成熟度参差不齐的地块，应先采收包心紧的植株。

图10-9　雨水过多未及时采收导致的结球甘蓝裂球现象

3. 结球甘蓝秋季栽培

【选择播期】秋结球甘蓝育苗时间多在 6 月中下旬至 8 月上旬。

（a）中晚熟品种 多在 6 月中下旬播种，7 月底至 8 月初定植，10 月下旬至 11 月中旬收获。

（b）中早熟、早熟品种 多在 7 月上旬至 8 月上旬育苗，8 月上旬至 9 月初栽植，10 月上旬至 11 月初上市。

【准备苗床】选择土地肥沃、有机质含量高的土地作苗床，有条件的最好采用营养钵育苗。一般每亩施腐熟人畜粪肥 1000～1500kg、45% 复合肥 15kg，肥土混匀，起垄耙平，床宽 1.5m，一般每亩大田需苗床 20～25m²。

【播种】种子用 65% 代森锰锌可湿性粉剂拌种可防治立枯病。播前先用清水将苗床浇透，适当稀播，播种时采用沙土拌种，便于撒播均匀。播后轻盖 0.5～1cm 厚的细土，及时覆盖稻草、树叶或遮阳网，保持床土湿润，用 50% 多菌灵可湿性粉剂浇透垄面，灭菌保湿。

【分苗前管理】出苗后及时揭盖覆盖物。搭小拱棚覆盖遮阳网的，一般出苗后于晴天上午 9～10 时盖帘，下午 3～4 时揭帘。苗初出土时每天浇水一次，以后每隔 1～2d 浇水一次，以保持土壤湿润、土表略干为宜。

【分苗及分苗后管理】当幼苗长到 2～3 片真叶时，选阴天或傍晚分苗，苗距 10cm×10cm。栽后立即浇水，最好遮阴 3～4d，浇缓苗水后中耕蹲苗。

注意防治蚜虫。

有条件的，最好采用穴盘育苗，一次成苗。

【大田施肥】每亩施腐熟农家肥 3000～5000kg（或商品有机肥 400～600kg），加复合肥 25kg。

图10-10　员工在移栽秋结球甘蓝苗

【整地做畦】选择前茬未种过十字花科蔬菜的地块，定植前先深耕并平整土地，做成 1m 宽的高畦。

【定植】当秋结球甘蓝苗长到 30～35d，具有 6～8 片真叶时，选阴天或晴天下午带大土坨定植（图 10-10）。适当浅栽，一般早熟品种株行距 35cm×40cm，每亩栽 4500 株左右；中晚熟品种株行距为 40cm×50cm，每亩栽 3000 株左右。

【浇定根水】栽后立即浇水（图 10-11）。若定植期遇干旱，需将定植穴浇透水后再栽苗，栽植后每天早晚浇水，以保证秧苗成活。

【浇缓苗水】缓苗前，浇过定根水后，第二天再浇一次水，以后隔 1～2d 浇一次，一周后即可活棵。

【第一次追肥】在定植后一周左右，结合缓苗水，每亩施尿素5~8kg、磷酸二铵5kg。

【中耕除草】缓苗后，适当蹲苗。中耕远苗宜深，近苗宜浅。在植株封垄前要进行2~3次浅中耕除草（图10-12），并及时培土。后期应人工拔草。

图10-11　给秋结球甘蓝浇定根水　　　　图10-12　结球甘蓝封行前中耕除草

【第二次追肥】在莲座初期，结合中耕培土每亩施尿素20kg左右。

【浇水保湿】莲座期和结球期对缺水敏感，干旱时结球延迟或不能结球（图10-13），应根据田间情况，适时浇水，保持土壤湿润。

注意：高温期间要在早晨或傍晚浇水。叶球生长紧实后，停止浇水，以防叶球开裂。

结球甘蓝虽喜潮湿，但忌渍水，因此，雨水多的地方要做好排涝工作。

【第三次追肥】在莲座末期，每亩施尿素15~20kg，施后浇水。

【第四次追肥】晚熟品种在结球初期再追一次肥，每亩施尿素15kg，追肥以株间穴施为佳。还可适当用1%尿素加0.1%~0.2%的磷酸二氢钾根外追肥2~3次。

【采收】秋结球甘蓝宜在叶球紧实时采收（图10-14）。

图10-13　田间干旱导致结球甘蓝生长不良　　　图10-14　结球甘蓝结球紧实时及时采收

4. 结球甘蓝冬季栽培

【选择播期】根据品种熟性和上市要求可选择以下两个时段播种。

图10-15 冬结球甘蓝品种

（a）秋播 7月20日至8月10日播种育苗，苗龄30~35d，9月15日前定植，11月至翌年3月份均可采收上市（图10-15）。

（b）冬播 9月1~20日播种育苗，10月底定植完毕，翌年2~3月份采收上市。

【准备苗床】大田栽培1亩冬结球甘蓝需育苗畦40m²左右。选择条件较好的沙壤土建育苗畦，每亩施入优质农家肥5000kg（或商品有机肥600kg），深耕整平做高畦，畦宽1.2~1.5m。

注意：7月中下旬正值高温多雨季节，露地育苗需设塑料薄膜防雨，遮阳网遮阴。

【播种】浇足底墒水，等水干后，将种子掺土均匀播于苗床，覆土要浅，一般撒0.5cm。

【苗期管理】遮阴物晴天时上午10~11时覆盖，下午3~4时揭开；阴天时不盖。一般3d齐苗，2~3叶时间苗，也可在4片叶时按10cm×10cm分苗，经过分苗定植期可推迟7~10d。

图10-16 及时拔除苗期杂草

定植前5~7d停水炼苗，并注意拔除杂草（图10-16）和防治病虫。

【大田施肥】选择有浇水条件、土壤较肥沃的地块，及时耕翻整平。每亩施优质农家肥3000~5000kg（或商品有机肥400~600kg）、复合肥50kg，起垄备用。

【定植】在阴天或晴天傍晚定植，行距50cm，株距35cm，定植后立即浇定根水。

【结合浇水追施提苗肥】定植后15d浇第二次水，每亩追施尿素10kg左右提苗；20d后，随浇水追施尿素10~15kg。

【结合浇水追施莲座肥】莲座期，随水追施尿素15~20kg。

【蹲苗】莲座期如生长过旺，应适当蹲苗（图10-17），一般蹲苗10~15d，当叶片上明显有蜡粉，心叶开始抱球时结束蹲苗。

【追施结球肥】莲座后期至结球期是追肥的关键时期（图10-18），应重施氮磷

图10-17 结球甘蓝幼苗期应控水蹲苗

图10-18 结球甘蓝结球期及时追肥

钾复合肥 15～20kg。结球后期停止追肥。

【控水】叶球基本紧实，包心达 6～9 成时，应控制浇水。

【采收】冬结球甘蓝的收获期长，采收时期要视市场价格因素决定。但应注意必须在 3 月前收获完毕，收获过晚会导致后期裂球、抽薹，影响商品质量。

▦ 5. 结球甘蓝早春大棚栽培 ▦

【选择品种】选用早熟或中熟品种。

【播种】采用干籽播种，于 12 月中下旬在温室播种，1 个月左右时分苗一次，苗龄 60～80d。

【大田施肥】栽培畦施足基肥，每亩施入腐熟农家肥 5000kg 左右（或商品有机肥 600kg）、过磷酸钙 30～50kg、草木灰 30～50kg，或磷酸二铵等复合肥 30kg。

【整地做畦】翻地、整平、起垄、做高畦，畦高 10cm，上铺地膜。

【定植】在 2 月下旬到 3 月初定植（图 10-19）。中熟品种畦宽 40～45cm，沟宽 40cm，株距 28～30cm。

【浇定根水】穴栽后，及时浇定根水。

【闭棚促缓苗】定植后闭棚 7d 左右，高温高湿促缓苗。必要时可通过加盖草帘、内设小拱棚等措施增温保温。

【浇缓苗水】缓苗后再浇一次缓苗水。

【中耕蹲苗】中耕沟道，进行蹲苗。

【逐渐加大通风量】新叶开始生长时，卷起大棚两侧棚膜进行通风，白天维持温度在 15～20℃，夜间在 8～10℃左右，短时 5℃以

图10-19 结球甘蓝早春大棚栽培

上。外界最低温度达8℃左右时，加大通风量，昼夜通风。

【肥水管理】当莲座叶基本封垄，叶球开始抱合时，进行追肥，促进叶球生长。一般每亩追施尿素15kg、硫酸钾10kg（或草木灰100kg）。

【保湿】结球后，根据天气情况5～7d浇一次水，再追肥1次，每亩追施尿素15kg、硫酸钾10kg（或草木灰100kg）。

【采收】叶球重量接近500g，即可根据市场需求进行收获。

6.结球甘蓝主要病虫害防治安全用药

防治对象	药剂名称	剂型	施用方式	稀释倍数或用药量	安全间隔期/d
猝倒病（图10-20）、立枯病（图10-21）	甲基硫菌灵	70%可湿性粉剂	喷雾	800～1000倍	7
	百菌清	75%可湿性粉剂	喷雾	1000倍	7
	噁霉灵	30%可湿性粉剂	喷雾	800倍	7
黑腐病（图10-22）	百菌清	75%可湿性粉剂	喷雾	500～800倍	10
	琥胶肥酸铜	50%可湿性粉剂	喷雾	700倍	3
黑斑病（图10-23）	百菌清	75%可湿性粉剂	喷雾	500倍	10
	波·锰锌	78%可湿性粉剂	喷雾	600倍	7
细菌性黑斑病（图10-24）	氯溴异氰尿酸	50%可溶性粉剂	喷雾	1200倍	3
	波·锰锌	78%可湿性粉剂	喷雾	500倍	7
白斑病（图10-25）	多菌灵	50%可湿性粉剂	喷雾	500倍	15
	代森锰锌	70%可湿性粉剂	喷雾	500倍	15
霜霉病（图10-26）	百菌清	45%烟剂	烟熏	110～180g/亩	10
	烯酰吗啉	70%可湿性粉剂	喷雾	30g/亩	28
灰霉病（图10-27）	腐霉利	50%可湿性粉剂	喷雾	2000倍	1
	乙烯菌核利	50%可湿性粉剂	喷雾	1000～1500倍	7
菌核病（图10-28）	甲基硫菌灵	70%可湿性粉剂	喷雾	500～600倍	7
	乙烯菌核利	50%可湿性粉剂	喷淋	1000～1500倍	7
病毒病（图10-29）	菇类蛋白多糖	0.5%水剂	喷雾	300倍	7
	盐酸吗啉胍	20%可湿性粉剂	喷雾	400～600倍	5
软腐病（图10-30）	氯溴异氰尿酸	50%可溶性粉剂	喷雾	1200倍	3
	氢氧化铜	53.8%粉剂	喷雾	70g/亩	3
枯萎病（图10-31）	增效多菌灵	12.5%浓可溶剂	喷淋	200～300倍	
	氯溴异氰尿酸	50%可溶性粉剂	喷淋	1000～1500倍	3

防治对象	药剂名称	剂型	施用方式	稀释倍数或用药量	安全间隔期/d
菜粉蝶（图10-32）、猿叶甲（图10-33）	高效氯氟氰菊酯	2.5%乳油	喷雾	1500～2500倍	3
	氰戊菊酯	20%乳油	喷雾	1500～3000倍	5（夏菜） 12（秋菜）
夜蛾类（图10-34、图10-35）	甲氧虫酰肼	24%悬浮剂	喷雾	30～40mL/亩	30
	多杀霉素	5%悬浮剂	喷雾	70～100mL/亩	1
	氟啶脲	5%乳油	喷雾	1000倍	7
小菜蛾（图10-36）	高效氯氟氰菊酯	2.5%乳油	喷雾	3000倍	3
	阿维菌素	1%乳油	喷雾	30～40mL/亩	7
	多杀霉素	5%悬浮剂	喷雾	70～100mL/亩	1
蚜虫（图10-37）	抗蚜威	50%可湿性粉剂	喷雾	3000～4000倍	11
	吡虫啉	10%可湿性粉剂	喷雾	1000～2000倍	10
地蛆（图10-38）	敌百虫	90%晶体	灌根	1000倍	7
	辛硫磷	50%乳油	灌根	1500倍	6

图10-20　结球甘蓝猝倒病田间发病状

图10-21　结球甘蓝立枯病病株

图10-22　结球甘蓝黑腐病病株

图10-23　结球甘蓝黑斑病病叶

图10-24 结球甘蓝细菌性黑斑病

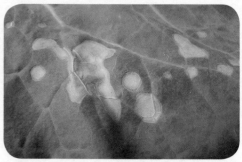

图10-25 结球甘蓝白斑病

图10-26 结球甘蓝霜霉病

图10-27 结球甘蓝灰霉病

图10-28 结球甘蓝菌核病

图10-29 结球甘蓝病毒病

图10-30 结球甘蓝软腐病

图10-31 结球甘蓝枯萎病

图10-32　结球甘蓝上的菜粉蝶

图10-33　猿叶甲成虫

图10-34　甜菜夜蛾危害结球甘蓝

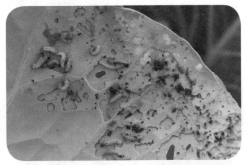

图10-35　结球甘蓝叶片背面的斜纹夜蛾幼虫

图10-36　小菜蛾幼虫危害结球甘蓝植株

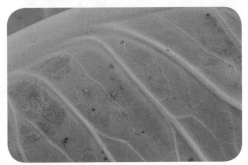

图10-37　桃蚜危害结球甘蓝叶片

图10-38　地蛆危害结球甘蓝苗

十一、花椰菜

1. 花椰菜大棚春季早熟栽培

【选择品种】选用早熟、耐寒、成熟期较集中、品质优良的品种（图11-1）。

图11-1　津雪89花椰菜

【选择播期】12月中旬至翌年1月初在大棚内播种育苗，3月上旬定植于棚内。如棚内设置小拱棚等多层覆盖，可于2月下旬定植。

【准备苗床】营养土用腐熟优质农家肥、草炭、腐叶土、化肥等配制。每平方米园土施腐熟优质堆肥10～15kg，以及少量过磷酸钙或复合肥，充分混匀。播种床铺配制好的营养土8～10cm厚，移植床铺10～12cm厚，铺后要搂平，并轻拍畦面。然后覆盖塑料薄膜，7～10d后即可播种。

【种子处理】播种前应将种子晒2～3d，然后将种子放在30～40℃的水中搅拌15min，除去瘪粒，在室温下浸泡5h，再用清水洗干净备播。也可用种子质量0.4%的50%福美双可湿性粉剂拌种。

【播种】

（a）穴播　每平方米苗床播种5～8g，如采用营养方穴播，一般要播所栽株数的1.5倍。播种时先薄撒一层过筛细土。播种可采用撒播，即将种子均匀撒在育苗床上，立即覆盖过筛细土2～3cm厚，再覆盖薄膜，并用细土将四周封严。

（b）点播　也可采用点播，播种前按10cm×10cm划营养方，在土方中间扎0.5cm深的穴，每穴点播2～3粒种子。播后覆土、盖膜。

（c）营养钵育苗　也可使用营养钵育苗，即将配制好的营养土装入10cm×10cm的营养钵中，浇足水，在苗床上码好，扣棚增温，7～10d后，在营养钵中央按一个0.5cm深的穴，每穴点播2～3粒种子。

【分苗前管理】播后闭棚，高温高湿促出苗。苗齐后至第一片真叶显露，要适当通风。第一片真叶显露时进行一次间苗，定苗距 1.5～2cm。第一片真叶显露后，尽量保持育苗畦白天温度不低于 20℃，夜间温度不低于 8℃。分苗前 3～5d 适当降低畦内温度炼苗。

注意： 苗期要防止较长时间的低温和干旱，否则易致"小老苗"，容易引起"早期现花"，使花球质量变劣。

【分苗】分苗（图 11-2）在播后一个月左右，幼苗 2～3 叶期时进行。分苗畦的建造与播种畦相同。分苗间距 10cm×10cm，栽后立即浇水。

图11-2 花椰菜苗分苗假植

【分苗后管理】分苗后 5～6d 内闭棚，高温高湿促缓苗。缓苗后适当中耕。

【大田施肥】一般每亩施腐熟农家肥 4000～5000kg（或商品有机肥 400～500kg）、磷酸二铵 10～15kg、硫酸钾 5kg，加适量硼肥、镁肥。

【整地做畦】深翻 20～25cm，整地做畦，畦宽 1.2～1.5m，畦面上平铺地膜。为了防杂草，可每亩喷洒 48% 氟乐灵乳油 80～100g，兑水 75～100L，喷在地表后，把表土翻入 5cm 土层中，定植前 10d 左右覆盖地膜。

【定植】当秧苗具 6～7 片真叶，棚内 10cm 处的地温稳定在 8℃以上，气温稳定在 10℃以上时，可定植，每畦栽 3～4 行，株距 35～40cm。定植后及时浇定根水。

【闭棚促缓苗】定植后 7～10d 内闭棚，高温高湿促缓苗。

【中耕】定植初期，可不急于浇缓苗水。通风时，选晴暖天气中耕。

【降温蹲苗】缓苗后，降温蹲苗 7～10d，白天温度保持在 15～20℃，夜间在 12～13℃。超过 25℃即放风降温，防止高温抑制生长和发生茎叶徒长现象。夜间温度不能长时间低于 8℃，以免先期结球。及时中耕，控水蹲苗。

【结合追肥浇水】定植 15d 后，第一次追肥，每亩追施尿素 10～15kg，施肥后随即浇水。

【结合浇水追肥并防高温】花球出现后，控制温度不要超过 25℃。隔 5～6d 浇一次水，追肥 2～3 次。

【保湿】在整个花球生长期不能缺水，每 5～7d 浇一次水，保持地面湿润。

【追施花球膨大肥】小花球直径达 3cm 左右时，应加大肥水，促花球膨大，随水冲施粪稀 1000kg 左右或硫酸铵 20kg。

【逐步通风】结球期，温度控制在 18～20℃，当外界夜间最低气温达到 10℃以上时，要昼夜大通风。

【保护花球】花球直径长到 10cm 以上时，叶片遮掩不住花球，花球受日光直射易变黄，这时可将 1 片心叶折倒使其覆盖在花球上或摘取 1 片老叶盖在花球上

（图 11-3）。也可用草绳把上部叶丛束起来遮光。部分品种心叶可以始终包裹花球，自行护花，不需要折叶盖花球。

【叶面施肥】在花球膨大中后期，为防止缺硼（图 11-4）等，可喷 0.1%～0.5% 硼砂液，每隔 3～5d 喷一次，共喷 3 次，也可喷 0.5%～1% 尿素或 0.5%～1% 磷酸二氢钾。

图11-3　花椰菜折叶盖花　　　　　　　　图11-4　缺硼花椰菜的叶柄

【采收】当花球充分膨大，花球表面致密、圆整、坚实、边缘花枝尚未散开时采收（图 11-5）。

图11-5　采收的花椰菜

▪▪▪ 2. 花椰菜春季露地栽培 ▪▪▪

【选择品种】宜选用耐寒性强的春季生态型品种，如错用秋季品种就会发生苗期早现球等现象，产量和品质降低。

【播期选择】播种时间应结合当地气候条件和品种特性选择，使花椰菜在高温到来之前形成花球。露地栽培一般在 1 月份播种。

【播种育苗】方法同大棚春季早熟栽培。

目前，蔬菜大户大多采用营养钵育苗，大型蔬菜基地一般采用穴盘育苗（图11-6）。

【整地施肥】栽植地应施足基肥，每亩施优质农家肥5000kg（或商品有机肥600kg）、复合肥30～50kg，缺硼、钼地区加施少量硼肥、钼肥，施肥后肥料与土壤混匀耙细后做畦。定植前10d左右覆盖地膜，以提高地温。

图11-6　花椰菜穴盘育苗

【定植】

（a）定植时间　一般在地下10cm处地温稳定通过8℃左右、平均气温在10℃左右时为定植适期。当寒流过后开始回暖时，选晴天上午定植。

露地栽培定植期一般在3月中旬，地膜加小拱棚的可适当提前定植。

注意：春花椰菜露地栽培适时定植很重要，如定植过晚，成熟期推迟，形成花球时正处于高温季节，花球品质变劣（图11-7、图11-8）；定植过早，常遇强寒流，生长点易受冻害，且易造成先期现球，影响产量。

图11-7　花椰菜紫花现象

图11-8　花椰菜青花现象

（b）定植规格与方法　按畦宽1.3m，株行距0.4～0.5m开挖定植穴，按品种特性合理密植，一般早熟品种每亩定植3500～4000株，中熟品种3000～3500株，中晚熟品种2700株左右。土壤肥力高，植株开展度较大，可适当稀些，反之应稍密些。

【浇定根水】定植后浇定根水。

【结合追肥浇缓苗水】浇过定根水后4～5d，视土壤干湿状况再浇缓苗水。当基肥不足时，可随缓苗水追肥。

【中耕蹲苗】浇过缓苗水后，待地表面稍干，即进行中耕松土，连续松土2～3次，先浅后深。结合中耕适当培土。

地膜覆盖的地块不要急于浇缓苗水，以借助地膜升高地温，促使发根。

不盖地膜的田块在浇缓苗水后，要适当控制浇水，加强中耕，适度蹲苗。

【追施莲座肥】莲座期，每亩施尿素15～20kg，也可冲入充分腐熟的人粪尿。

注意： 如果此期缺肥，会造成营养体生长不良，花球早出而且易散球（图11-9）。

图11-9　花椰菜散球

【追施结球肥】当部分植株形成小花球后，追肥一次，10～15d后再追一次肥。

【保护花球】春露地花椰菜生长后期气温较高，日照较强，应采取折叶措施保护花球，一般在花球横径10cm左右时，把靠近花球的2～3片外叶束住或折覆于花球表面，当覆盖叶萎蔫发黄后，应及时更换。

【保湿】出现花球后5～6d，浇一次水。收获花球前5～7d，停止浇水。

【叶面施肥】在花球膨大中后期喷0.1%～0.5%的硼砂液、0.01%～0.08%的钼酸钠或钼酸铵，可促进花球膨大，3～5d喷一次，共喷3次。也可喷0.5%～1%尿素液或0.5%～1%的磷酸二氢钾液。

【采收】花球应适时采收。

▪▪▪▪ 3. 花椰菜秋季露地栽培 ▪▪▪▪

【选择品种】必须选用苗期耐热的适宜品种。一些耐寒性好、冬性强的品种不能在秋季栽培，否则会因温度条件高，不能通过春化阶段而出现不能形成花球的现象。

【选择播期】一般6月下旬至9月播种。

【准备苗床】苗床应选择地势高燥、通风良好、能灌能排、土质肥沃的地块。根据土壤肥力，每平方米育苗床施过筛的腐熟粪肥15～20kg。施肥后将床土倒2遍，将土块打碎并与粪土混匀。畦面整平整细。

【播种】播种前给苗床浇足底水，翌日在苗床上按10cm×10cm规格划方块，然后在方块中央扎孔，深度不超过0.5cm，再用喷壶洒一遍水，水渗下后撒一层薄薄的过筛细土，按穴播种，每穴2～3粒，播后覆盖约0.5cm厚的过筛细土。随后立即搭棚。

【建棚】播种季节日照强烈，常遇阵雨或暴雨，为防止高温烤苗和雨水冲刷，需搭盖遮阳防雨棚，以遮光、降温、防雨、通风为目的，可搭成高1m左右的拱棚，上盖遮阳网或苇席，下雨之前要加盖塑料薄膜防雨，如用塑料薄膜搭成拱棚，切忌盖严，四周离地面30cm以上，以利于通风降温。

有条件的采用大棚加遮阳网覆盖育苗（图11-10），效果更佳。

【苗期管理】

（a）播种后，3～4d幼苗出齐，如4d后幼苗出齐，应及时灌一次小水，以保证幼苗出土一致。

（b）苗出齐后，将塑料薄膜及遮阳网撤掉，换上防虫网。

搭阴棚遮阳，可降低土面温度5～8℃，减少幼苗的蒸腾作用，避免幼苗萎蔫，防止地面板结，有利于幼苗正常生长。一般幼苗出土到第一片真叶出现，每天上午10时至下午4时均需遮阳。后期逐渐缩短遮阳的时间，直至不再遮阳。

图11-10 大棚遮阳培育花椰菜苗

（c）苗期浇水追肥。苗期要保证充足的水分，一般每隔3～4d浇一次水，保持苗床见湿见干，土壤湿度为70%～80%。当小苗长到3～4片叶时，应追施少量尿素。

注意：苗期水分管理是关键，绝不能控水，防止干旱使幼苗老化。

浇水和追肥应在傍晚或早晨进行，用井水或冷水浇灌，以降低地温。

【间苗分苗】子叶展开时及时间苗，每穴只留1株。当幼苗具有2～3片真叶时，按大小进行分苗。分苗选阴天或晴天傍晚进行，苗距8cm左右。分苗床管理与苗床相同。苗龄30～40d左右，当幼苗有6～7片真叶时即可定植，幼苗过大定植不易缓苗。

有条件的可采用穴盘漂浮育苗（图11-11），一次成苗。

图11-11 花椰菜穴盘漂浮育苗

【精细整地】选择地势高、排水好、不易发生涝害的肥沃田块种植，前茬最好为番茄、瓜类、豆类、大蒜、大葱、马铃薯等作物，切忌与小白菜、结球甘蓝等十字花科蔬菜连作。

【大田施肥】前作收获后，应及时腾茬整地。一般每亩施腐熟农家肥3000～4000kg（或商品有机肥300～400kg）、复合肥30～50kg，深翻20cm，耙平。

【做畦】早熟品种以做成高25～30cm、宽1.3m左右的畦为宜，中晚熟品种畦宽1.5m左右。

【定植】

（a）定植时期 早熟品种6～7片真叶时定植，中熟品种7～8片真叶时定植，晚熟品种8～9片真叶时定植。

（b）定植规格 在早晨或傍晚定植，菜苗最好随起随种。可采用平畦或起垄栽培，定植株距40～50cm，行距50cm，每亩栽2600～3000株（图11-12）。

（c）定植方法 定植前苗畦浇透水，水渗干后进行切块，带土坨移栽，一般在晴天的下午或阴天移栽。

图11-12 花椰菜秋季露地栽培

【浇定根水】移栽后应立即浇水。

【浇缓苗水】定植3～4d后浇一次缓苗水。

【中耕除草】高温多雨季节易丛生杂草，未采用地膜覆盖时，在缓苗后应及时中耕除草，促进新根萌生。中耕要浅，勿伤植株，一般中耕2～3次，到植株封垄时停止中耕除草。显露花球前，要注意培土保护植株，防止大风刮倒。

【浇水防旱】无雨季节每隔4～5d浇一次水。植株生长前期因正值高温多雨季节，所以既要防旱，又要防涝。

花椰菜在整个生育期中，有两个需水高峰期：一个是莲座期，另一个是花球形成期。整个生长过程中，应根据天气及花椰菜生长情况，灵活掌握用水。一般前期小水勤浇，后期随着温度的降低，浇水间隔时间逐渐变长，忌大水漫灌，采收前5～7d停止浇水。

花椰菜生长喜湿润的气候，忌炎热干燥。当气候干热少雨时，花椰菜花球出现晚，花球小（图11-13），产量低。由于很难控制空气湿度，因此，栽培中必须加强浇水管理。

图11-13 花椰菜小花球

【追施莲座肥】除施足基肥外，花椰菜生长前期，因茎叶生长旺盛，需要氮肥较多，至花球形成前15d左右、丛生叶大量形成时，应重施追肥。每次每亩施尿素20～25kg或硫酸钾15kg，晚熟品种可增加1次。肥料随水施入。

【重施花肥】在花球分化、心叶交心时，再次重施追肥。在花球露出至成熟还要重施2次追肥。

【覆盖花球】在花球形成初期，把接近花球的大叶主脉折断，以覆盖花球，覆盖叶萎蔫后，应及时换叶覆盖。有霜冻地区，应进行束叶保护，注意束扎不能过紧。

【采收】一般秋花椰菜从 9 月中旬开始陆续采收，在气温降到 0℃时应全部收完。采收时，花球外留 5～6 片叶，用于运输过程中保护花球免受损伤。用于贮藏的花椰菜在收获前 2d，用 75% 百菌清可湿性粉剂 500 倍液喷在花球上，可防止贮藏期间花球感染病害。

▪▪▪ 4. 花椰菜越冬栽培 ▪▪▪

越冬花椰菜在寒冷的冬天不加任何保护，于露地安全越冬，在 3 月份上市，可调节早春蔬菜淡季市场。

【选择品种】选择生育期长、耐寒、2 月中下旬现蕾、3 月中旬收获的品种，无需保护可有效避开寒冬；或 1 月下旬现蕾，2 月中下旬收获的耐寒品种，遇到特殊年份，花球发育期气温过低的情况下，可适当覆膜加以保护，同时应选择心叶自然向中心弯曲或扭转，可保护花球免受霜害的优良品种。

【选择播期】一般于 7 月下旬至 8 月初播种，需在拱棚下育苗。

【准备苗床】选择地势高燥、排水通畅、通风良好、肥沃疏松的地块，做畦前施腐熟过筛的混合粪肥 100～150kg、复合肥 0.5kg，来回翻倒 2 遍，肥土混匀。搭成高 1m 左右的拱棚，上盖遮阳网或苇席（图 11-14），以降温保湿，同时可防暴雨冲击幼苗。

图11-14 花椰菜小拱棚遮阳网育苗

【播种】播前晒种 2～3d，苗床浇足底水，播种时先薄撒一层过筛细土，随即按 10cm×10cm 株行距点播，每穴 2～3 粒种子，播后覆土，封严，每平方米用种 3～4g。

【苗期管理】播后 3～4d 幼苗出齐，应及时撤去遮阳网并换上防虫网。一周后子叶展开，即应间苗，每穴留 1 株健壮苗。每隔 3～4d 浇一次水，保持苗床见干见湿。当幼苗长出 3～4 片真叶时，应追施少量尿素。注意防除病虫草害。

【整地施肥】选地势较高、排水通畅的肥沃园田。前茬收获后，每亩施腐熟农家肥 5000～6000kg（或商品有机肥 600～700kg）、复合肥 50kg，耕翻耙细，做成平畦，畦宽 1～1.5m。

【定植】当苗龄 30d、幼苗长出 6～7 片真叶时，选阴天或晴天傍晚定植，行距 50cm，株距 50～59cm，每亩定植 2300～2800 株。

【浇定根水】定植后及时浇定根水。

【中耕蹲苗】缓苗后，及时中耕，适当蹲苗，促根系生长。

【结合浇水追施莲座肥】莲座期，7～10d 后浇一次透水，随水每亩施复合肥 20～25kg。一般每隔一周浇一次水，做到畦面见干见湿，保持土壤相对湿度在

$70\% \sim 80\%$。

【追施花球肥】显露花球后，每亩追施尿素 $10\sim15$kg 和适量钾肥。

【覆盖花球】在花球直径达 10cm 以上时，可将近花球的 $2\sim3$ 叶束住或折覆于花球表面，防止日光直射，但不要将叶片折断。

【结合浇水追施花球膨大肥】花球直径达 $9\sim10$cm 时，进入结球中后期，应再次追肥，每亩施尿素 $20\sim25$kg。以后每隔 $4\sim5$d 浇一次水，直至收获。

注意：深冬期间不要浇水，早春土壤解冻后及时浇水。

图11-15　遭受冻害的花椰菜

注意：夜晚盖严四周的薄膜。

【临时保温】

（a）露地越冬花椰菜正常年份不经保护，可以安全越冬。为防范冬季频繁剧烈变化的恶劣天气，避免意外损失（图11-15），深冬季节当外界最低气温降到 $-10℃$ 时，应及时在菜田上浮面覆盖薄膜。

（b）当外界气温高于 $-10℃$ 时，晴天白天应将薄膜两边揭开，以防水汽太重，造成外叶枯黄。

▩▩ 5.花椰菜主要病虫害防治安全用药 ▩▩

防治对象	药剂名称	剂型	施用方式	稀释倍数或用药量	安全间隔期/d
猝倒病、立枯病（图11-16）	噁霉灵	30%可湿性粉剂	喷雾	500倍	7
	敌磺钠	70%可湿性粉剂	喷雾	800倍	10
	百菌清	75%可湿性粉剂	喷雾	600倍	7
黑腐病（图11-17）	氢氧化铜	77%可湿性粉剂	喷雾	500倍	$3\sim5$
	苯醚甲环唑	10%水分散粒剂	喷雾	2000倍	$7\sim10$
病毒病（图11-18）	吗啉胍·乙铜	20%可湿性粉剂	喷雾	500倍	7
	菇类蛋白多糖	0.5%水剂	喷雾	300倍	7
霜霉病（图11-19）	霜霉威盐酸盐	72.2%水剂	喷雾	600倍	3
	霜脲·锰锌	72%可湿性粉剂	喷雾	700倍	7
灰霉病（图11-20）	腐霉利	50%可湿性粉剂	喷雾	2000倍	1
	乙烯菌核利	50%可湿性粉剂	喷雾	$1000\sim1500$倍	7
软腐病（图11-21）	春雷霉素	2%水剂	喷雾	500倍	$4\sim7$
	氢氧化铜	53.8%干悬浮剂	喷雾	1000倍	$3\sim5$

防治对象	药剂名称	剂型	施用方式	稀释倍数或用药量	安全间隔期/d
黑斑病（图11-22）	霜脲·锰锌	72%可湿性粉剂	喷雾	700倍	7
	烯酰吗啉	50%可湿性粉剂	喷雾	1500倍	7
菌核病（图11-23）	乙烯菌核利	50%可湿性粉剂	喷雾	1000倍	7
	硫菌灵	50%可湿性粉剂	喷雾	1000倍	30
根肿病（图11-24）	硫菌灵	50%可湿性粉剂	喷雾	500倍	20
	多菌灵	50%可湿性粉剂	喷雾	500倍	15
菜青虫（图11-25）	氰戊菊酯	20%乳油	喷雾	3000～4000倍	12
	虫螨腈	10%乳油	喷雾	1000倍	14
夜蛾类（图11-26、图11-27）	虫螨脲	5%乳油	喷雾	1500倍	10～14
	茚虫威	15%悬浮剂	喷雾	3000倍	3
	氟啶脲	5%乳油	喷雾	1000倍	7
小菜蛾（图11-28）	氟虫脲	5%乳油	喷雾	1500倍	10
	多杀霉素	2.5%悬浮剂	喷雾	1000～1500倍	1
菜螟（图11-29）	氰戊菊酯	20%乳油	喷雾	3000倍	12
	高效氯氟氰菊酯	2.5%乳油	喷雾	4000倍	3
小地老虎（图11-30）	敌百虫	90%晶体	灌根	1000倍	7
	辛硫磷	50%乳油	灌根	1500倍	6

图11-16 花椰菜立枯病

图11-17 花椰菜黑腐病

图11-18 花椰菜病毒病

图11-19 花椰菜霜霉病

图11-20　花椰菜灰霉病

图11-21　花椰菜软腐病

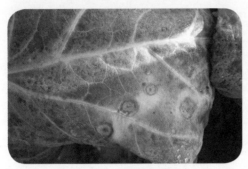

图11-22　花椰菜黑斑病

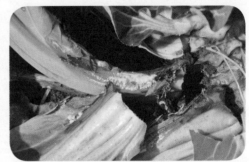

图11-23　花椰菜菌核病

图11-24　花椰菜根肿病发病症状

图11-25　菜青虫危害花椰菜叶片

图11-26　斜纹夜蛾幼虫危害花椰菜

图11-27　甜菜夜蛾危害花椰菜

图11-28　小菜蛾危害花椰菜田间表现

图11-29　菜螟幼虫危害花椰菜

图11-30　小地老虎危害花椰菜苗

十二、萝卜

1.春萝卜栽培

春萝卜（图12-1）是春播春收或春播初夏收获的萝卜类型，生长期一般为40～60d。

【选择品种】应选择耐寒性强、植株矮小、适应性强、耐抽薹的丰产品种，目前主栽品种为韩国白玉春系列。

【选择播期】原则上，播种期以10cm地温稳定在6℃以上时为宜，在此前提下尽量早播。

（a）露地栽培　一般3月中下旬，土壤解冻后即可播种，不迟于4月上旬为宜。

（b）地膜覆盖栽培　较露地可提早5～7d播种。

（c）塑料大棚、中棚、小棚栽培　2～3月间播种，4～6月间收获。

【整地】选择地势平坦、土层深厚、土质疏松、富含有机质的沙质土壤地。尽早耕翻晒垡、冻垡（图12-2）。

图12-1　春萝卜地膜覆盖栽培

图12-2　土壤深耕晒垡

【大田施肥】中耕多翻，打碎耙平，结合整地施足基肥。一般每亩施腐熟农家肥3000～4000kg（或商品有机肥400～500kg）、复合肥50kg、草木灰50kg、过磷酸钙25～30kg，与畦土掺匀。基肥宜在播种前7～10d施入。

注意: 施用的农家肥必须经过充分腐熟、发酵，切不可使用新鲜粪肥，否则极有可能出现主根肥害、腐烂现象。

偏施氮肥易徒长，肉质根味淡，偏施含氮化肥也易产生苦味。

施磷肥可增产，且可提高品质。磷肥可在播种前穴施。

【做畦】按畦高 20~30cm 做畦，畦宽 1~2m，沟深 40~50cm。

【直播】采用撒播、条播（图12-3）、穴播（图12-4）均可。条播时，耙平畦面后按 15cm 行距开沟播种，然后覆土将沟填平、踏实。也可撒播，将畦面耙平后，把种子均匀撒在畦面上，然后覆土。播后覆土，稍加踏压，浇一次水，最后加盖地膜。

图12-3　萝卜条播

图12-4　萝卜穴播

目前在春萝卜生产上，主要采用韩国白玉春系列等进口种子，价格较贵，宜穴播，株距 25cm，行距 30cm，穴深 1.5~2cm，每穴播 3~4 粒。

【闭棚保温】采用大棚栽培的春萝卜（图12-5），前期正处于低温季节，要采取高温管理，以阻止其通过春化；后期要加强通风，促进根系膨大，延缓抽薹开花（图12-6）。播种后，采取大棚内再扣小拱棚的方法进行密闭管理，一般要求前期夜间最低温度不低于 0℃。小苗长至 7 片真叶时进行间苗，每穴留 1 株。

图12-5　春萝卜大棚栽培

图12-6　萝卜管理不当至未熟抽薹

【划膜引苗】幼苗出土后，及时用小刀或竹签在膜上划一个"十"字形开口，引苗出膜后立即用细土封口。

【间苗定苗】当第一片真叶展开时进行第一次间苗，5~6 片真叶时定苗 1 株。定苗距离，早熟品种为 10cm，中晚熟品种为 13cm。苗期应多中耕，减少水分蒸发。结合间苗可中耕一次。

【视天气浇水】早春气温不稳定，不宜多浇水，畦面发白时可用小水串沟，切忌频繁补水和大水漫畦，以免降低地温。

【结合浇定苗水追肥】追施氮肥用粪肥和化肥，一般在定苗后结合浇水追肥，如每亩施硫酸铵 25kg 左右。

注意：切忌粪肥浓度过大，靠根部太近，以免烧根，粪肥浓度过大，也会使根部硬化，一般应在浇水时兑水冲施；粪肥与硫酸铵等施用过晚，会使肉质根起黑箍，品质变劣，或破裂，或产生苦味。

【适当通风降温】7 叶期以后，白天开始通风换气，温度掌握在 20～25℃。

【浇水后适当蹲苗】破肚后，肉质根开始急剧生长时浇水。浇水后适当控水蹲苗，时间为 10d 左右。

【浇水保湿】肉质根迅速膨大期至收获期，要供应充足的水分，此期水分不足会造成肉质根糠心（图 12-7）、味辣、纤维增多，一般每 3～5d 浇一次水，保持土壤湿润。

注意：无论哪个时期，雨水多时都要排水。

【降温防高温】进入采收期后，宜实行较低温度管理。

【收获】当肉质根充分膨大，叶色转淡时，应及时采收（图 12-8），否则易出现空心、抽薹、糠心等现象。

图12-7　萝卜的糠心现象

图12-8　准备新鲜上市的萝卜

2. 冬春萝卜栽培

【选择品种】应选用耐寒、耐弱光、冬性强、单根重较小且不易抽薹的早熟品种，目前主栽品种为韩国白玉春系列。

【选择播期】在有草苫覆盖的塑料大棚、塑料中棚栽培，可于 9 月下旬至 12 月份随时播种。其中 9 月下旬至 10 月上旬也可以采用露地地膜覆盖（图 12-9、图 12-10）进行播种，但后期需采取塑料薄膜等进行浮面覆盖，防止冻伤。

图12-9　秋冬萝卜黑色地膜覆盖栽培

图12-10　萝卜高畦白色地膜覆盖栽培

【整地施肥】选择土壤疏松、肥沃、通透性好的沙壤土。每亩施腐熟农家肥3000～4000kg（或商品有机肥400～500kg）、复合肥20～25kg，精细整地。

【扣棚保温】播种前15～20d，把设施的塑料薄膜扣好，夜间加盖草苫，尽量提高设施内的温度，使之不低于6℃。

【直播】选晴天上午播种，一般用干籽直播，也可浸种后播种。浸种时，可用25℃的水浸泡1～2h，捞出后，晾干种子表面浮水即可播种。播种时要充分浇水。

（a）小型品种　多用平畦条播或撒播。条播时，在畦内按20cm行距开沟，沟深1～1.5cm左右，均匀撒籽，覆土平沟后轻轻镇压。撒播时，一般是先浇水，待水渗下后撒籽，然后覆土1～1.5cm。

（b）肉质根较大的品种　可起垄种植，垄宽40cm，上面开沟播种两行。

注意：进口种子价格较贵，一般按株行距采用穴播。

【及时间苗】凡播种密的，间苗次数多些，以早间苗、晚定苗为原则，一般第一片真叶展开时，第一次间苗，至大破肚时选留健壮苗1株。

【小水勤浇】幼苗期，要小水勤浇，以促进根向深处生长。

【开裙膜】生长前期，正处于最适宜萝卜生长的气候状态，可不必覆盖大棚裙边。

【中耕除草】萝卜生长期间要中耕除草松表土，中型萝卜可将间苗、除草与中耕三项工作同时结合进行。高畦栽培的，还要结合中耕进行培土，保持高畦的形状。长形萝卜要培土壅根（图12-11）。到生长的中后期需经常摘除枯黄老叶。

【控水保苗】从破白至露肩的叶部生长期，浇水不能过多，要掌握"地不干不浇，地发白才浇"的原则。

【闭棚保温】11月上中旬后，夜间温度低于10℃左右时，应覆盖裙边、关闭大棚以适当保温。但白天中午温度较高，宜通风降温。

【分期追肥】施肥原则以基肥为主，追

图12-11　萝卜培土效果图

肥为辅。

（a）中型萝卜　追肥 3 次以上，第一、二次追肥结合间苗进行，每亩追施尿素 10～15kg。破肚时第三次追肥，除尿素外，每亩增施过磷酸钙、硫酸钾各 5kg。

（b）大型萝卜　追肥应掌握轻、重、轻的原则，追肥的主要目的是补足氮肥，以粪肥为主，但又切忌浓度过大，靠根部太近，以免烧根，粪肥应在浇水时兑水冲施。

【浇水保湿】从露肩到圆腚的根部生长盛期，要充分均匀供水，保持土壤湿度 70%～80%。

【多层覆盖保温】中后期，进入冰冻季节，应考虑保温，并在大棚内加盖小拱棚防止冻害，夜间可加盖草苫保温，保持棚内温度白天在 25℃左右，夜间不低于 7～8℃。

采用地膜覆盖的应在后期覆盖塑料农膜或无纺布等防止初霜造成冻害。

【控水】根部生长后期，应适当浇水，防止空心。在采收前半个月停止灌水。由于冬季栽培温度低、光照弱、水分蒸发较慢，故较其他季节栽培的浇水量和浇水次数少些。

【收获】冬春保护地萝卜的收获期不太严格，应根据市场需要和保护地内茬口安排的具体情况确定，一般是在肉质根充分长大时分批收获，留下较小的和未长足的植株继续生长。10～12 月播种的应尽可能在元旦或春节期间集中收获。每收获一次，应浇水一次。

3. 夏秋萝卜栽培

【选择品种】选用耐热性好、抗病、品质优良的早熟品种。

【选择播期】夏秋萝卜一般从 4 月下旬至 7 月下旬分期分批播种，在 6 月中旬至 10 月上旬收获。

【大田施肥】结合整地施足基肥，一般每亩施腐熟农家肥 4000～5000kg（或商品有机肥 500～600kg）、复合肥 30～40kg，将所有肥料均匀撒施于土壤表面，然后再翻耕，翻耕深度应在 25cm 以上。

【做畦】将地整平耙细后做畦，做高畦，一般畦宽 80cm，畦沟深 20cm。

【直播】

（a）播种时期　在雨后土壤墒情适宜时播种。如果天旱无雨，土壤干旱，应先浇水，待 2～3d 后再播种。

（b）播种规格　播种密度因品种而异，小型萝卜可撒播（图 12-12），间苗后保持 6～12cm 的株距；中型品种，一般行距 30cm 左右。

（c）播种方法　在高畦或高垄上开沟，用干籽条播。

（d）药土防虫　播种时一定要采用药土（如敌百虫、辛硫磷等）拌种或药剂拌种，以防地下害虫。

【覆盖防虫网】有条件的可采用防虫网覆盖栽培（图12-13），防虫网应全期覆盖。如无防虫网，也可用细眼纱网代替。

图12-12　撒播萝卜苗期

图12-13　夏秋撒播萝卜苗期塌地盖防虫网防虫

【遮阴】播后用稻草或遮阳网塌地覆盖畦面（图12-14），或在小拱棚上盖遮阳网（图12-15），以起到防晒降暑、防暴雨冲刷、减少肥水流失等作用。

图12-14　播种后用遮阳网塌地覆盖

图12-15　播种后小拱棚遮阳网覆盖

【追施护苗肥】出苗后至定苗前酌情追施护苗肥。

【小水勤浇】播种后若天气干旱，应小水勤浇，保持地面湿润，降低地温。若遇大雨，应及时排水防涝。如果畦垄被冲刷，雨后应及时补种。

【揭遮阳网】齐苗后及时揭除稻草和遮阳网，以免压苗或造成幼苗细弱。

【间苗定苗】幼苗期必须早间苗，晚定苗。幼苗出土后生长迅速，一般在幼苗长出1～2片叶时间苗一次，在长出3～4片叶时再间苗一次。定苗时间一般在幼苗长至5～6片叶时进行。

【结合间苗追施苗肥】幼苗长出2片真叶时追施少量肥料，第二次间苗后结合中耕除草再追肥一次。

【浇水保湿】叶子生长盛期要适量浇水，营养生长后期要适当控水。

【结合浇水追施膨大肥】缺硼（图12-16）会使肉质根变黑、糠心，要注意追施硼肥。肉质根膨大期还要适当增施钾肥。

【浇水保湿】肉质根生长期，肥水供应要充足，可根据天气和土壤条件灵活浇水。

【追施膨大肥】在萝卜露白至露肩期间进行第二次追肥，以后看苗追肥。

【防旱排涝】大雨后及时排水防涝，避免地表长时间积水，以防产生裂根（图12-17）或烂根。高温干旱季节要坚持傍晚浇水，切忌中午浇水。收获前7d停止浇水。

图12-16 缺硼萝卜根茎横剖面

图12-17 萝卜裂根

【采收】夏秋萝卜应在产品具有商品价值时适时早收。

⚎⚎⚎ 4.秋冬萝卜栽培 ⚎⚎⚎

【选择播期】一般以8月中下旬播种为宜。

【精细整地】前茬作物收获后深翻烤土，第一次耕起的土块不必打碎，让土块晒透以后结合施基肥再耕翻数次，深度逐次降低。最后一次耕地后必须将上下层的土块打碎。

【大田施肥】施用基肥一般在第二次耕地前，每亩施腐熟农家肥2500～3000kg（或商品有机肥300～400kg）、草木灰100kg、过磷酸钙25～30kg，然后耕入土中。至第三次耕地前，每亩再施入腐熟人粪尿2500～3000kg，干后耕入土中，而后耙平做畦，做到土壤疏松，畦面平整。

注意：农家肥未完全腐熟或集中施肥，容易损伤主根，使地下害虫增多，极易使萝卜分杈（图12-18），形成畸形根。

图12-18 有歧根的萝卜

【直播】

（a）播种规格 大型萝卜品种，行距40～50cm，株距40cm；若起垄栽培，行距54～60cm，株距27～30cm。中型萝卜品种，行距17～27cm，株距15～20cm。小型四季萝卜（图12-19），株行距为（5～7）cm×（5～7）cm。

（b）播种方式 撒播、条播和穴播均可。秋萝卜一般撒播较多，条播次之，穴播最少。

大个型品种多采用穴播；中个型品种多采用条播；小个型品种可用条播或撒播。

（c）播种方法　一般撒播每亩用种量 500g，点播用种量 100～150g。穴播的每穴播种 2～3 粒，使种子在穴中散开，以免出苗后拥挤。条播的也要播得均匀，不能断断续续，以免缺株。撒播的更要均匀，出苗后如果见有缺苗现象（图 12-20），应及时补播。

图12-19　小型四季萝卜

图12-20　秋萝卜点播缺苗

播种后盖土约 2cm 厚，疏松土稍深，黏重土稍浅。

播种时的浇水方法有先浇水、播种后盖土与先播种、盖土后浇水两种。

注意：播种时，必须稀密适宜，过稀时容易缺苗，过密则匀苗费力，苗易徒长，且浪费种子。

播种时要充分浇透水，使田间持水量在 80% 以上。

【小水保苗】幼苗期，苗小根浅需水少，田间持水量以 60% 为宜，要掌握"少浇、勤浇"的原则。

【第一次追肥】在幼苗长出 2 片真叶时进行，这时大型品种和中型品种萝卜进行第一次间苗，可在间苗后进行轻度松土，随即追施稀薄的人粪尿，点播、条播的施在行间，撒播的全面浇施。

【及时间苗】应掌握"早间苗、稀留苗、晚定苗"的原则。一般在第一片真叶展开时即可进行第一次间苗。一般用条播法播种的，间苗 3 次，6～7 片真叶时定苗。用点播法播种的，间苗 2 次，6～7 片真叶时每穴留壮苗 1 株。间苗后必须浇水、追肥，土干后中耕除草，使幼苗生长良好。

【中耕除草、培土】萝卜生长期间必须适时中耕数次，锄松表土，尤其在秋播的萝卜苗较小时，气候炎热且雨水多，杂草容易发生（图 12-21），必须勤中耕除草。高畦栽培时，畦边泥土易被雨水冲刷，中耕时，必须同时进行培畦。栽培中型萝卜，可将间苗、除草与中耕三项工作结合进行。四季萝卜类型因密度大，有草即可拔除，一般不进行中耕。长型露身的品种（图 12-22），因为根颈部细长软弱，常易弯曲倒伏，生长初期宜培土壅根。中耕宜先深后浅，先近后远，至封行后停止中耕，以免伤根。

图12-21　萝卜地里的杂草早熟禾	图12-22　长型露身萝卜需要进行培土

【第二次追肥】在第二次间苗后，进行中耕除草后即进行，浓度同第一次。

【小水蹲苗】在幼苗破白前要小水蹲苗。

【看苗浇水】从破白至露肩，需水渐多，要适量灌溉，但也不能浇水过多，"地不干不浇，地发白才浇"。

【第三次追肥】至大破肚时，再追施一次浓度为50%的人粪尿，每亩增施过磷酸钙、硫酸钾各5kg。中小型萝卜施用3次追肥后，萝卜即迅速膨大，可不再追肥。

【保湿促膨大】肉质根生长盛期，应充分均匀供水。

【摘除黄叶】到生长的中后期必须经常摘除枯黄老叶，以利于通风。

【大型的秋冬萝卜后期追肥】由于大型萝卜生长期长，待萝卜到露肩时每亩追施硫酸铵15~20kg，至萝卜肉质根盛长期再追施草木灰等钾肥一次。草木灰宜在浇水前撒于田间，每亩50~100kg，以供根部旺盛生长的需要。

【适当浇水防糠心】肉质根生长后期，仍应适当浇水，防止糠心。

注意：浇水应在傍晚进行。无论在哪个时期，雨水多时都要排水，防止积水沤根。

【采收】采收前2~3d浇一次水，以利于采收。

▪▪▪ 5.樱桃萝卜栽培 ▪▪▪

【选择播期】樱桃萝卜（图12-23）可与西葫芦、冬瓜、番茄、辣椒、茄子、黄瓜、结球生菜等间作。

（a）大棚栽培　3月上中旬播种，4月下旬上市。

（b）小棚栽培或盆栽（图12-24）　3月中下旬播种，4月中下旬上市。

（c）夏季遮阳栽培　5~9月用寒冷纱或遮阳网覆盖防暴雨。

（d）秋露地栽培　9月中旬至10月上旬陆续播种，分期收获。

【施肥做畦】每亩施入腐熟农家肥2000kg（或商品有机肥300kg）、草木灰50kg，施用饼肥效果更佳，然后做平畦或高畦，畦宽1.0~1.2m。

图12-23　樱桃萝卜植株

图12-24　樱桃萝卜盆栽

盆栽时应选直径 30～40cm 的圆盆，盆土用园土 5 份、堆厩肥 2 份、河沙 3 份配制而成。

【直播】根据市场要求选择适宜的品种。种子催芽后播种。播种时先浇底水，水量以湿透 10cm 土层为准，待水渗下后条播或撒播种子。条播行距 10cm，株距 3cm 左右，播种深度 1.5cm。播后覆土 1～1.5cm 厚，覆膜保温。

【间作套种】樱桃萝卜非常适合与高秧蔬菜进行间作或套种栽培，间套作的蔬菜可以是爬蔓的西葫芦、冬瓜等，或较直立的番茄、辣椒、茄子等。在瓜类的夹畦中播种，待瓜类长蔓爬至夹畦时，樱桃萝卜已经收获。

【温度管理】

（a）播种后白天温度保持在 25℃左右，夜间不低于 7～8℃。

（b）齐苗后适当通风，白天温度保持在 18～20℃，夜间在 8～12℃。

（c）2 叶 1 心时适当降温。

注意: 要防止长期低于 8℃的低温，樱桃萝卜通过春化后会发生先期抽薹现象。如果春季气温超过 20℃时间太长，樱桃萝卜会糠心。

【间苗定苗】苗出齐后在子叶期和 2～3 片真叶期各间苗一次，4～5 片真叶时定苗，盆栽株距 6～8cm，保护地栽培株距 10～15cm。

【浇水】自播种至幼苗 4～5 片叶时，土壤不干不浇水，如地面出现裂缝时，可覆 0.5cm 厚的细土。直根破白后浇破白水，7～10d 后再浇一次水。肉质根膨大时，5～7d 浇水一次。盆栽樱桃萝卜 3～5d 浇一次水。

【追肥】樱桃萝卜生长期短，以基肥为主，一般无需追肥，也可在定苗时及肉质根膨大时各追肥一次，每次每亩追尿素 10kg 左右。

夏季栽培，需用遮阳网覆盖，要特别注意合理用水。幼苗期保持土壤含水量 70%左右，少浇勤浇，从直根破肚至露肩供水量适当增加，根部生长旺盛期应充分均匀浇水，保持土壤湿度 70%～80%。浇水宜在清晨或傍晚进行，切忌中午浇水，特别是浇深井冷水。

秋季栽培，杂草多，应中耕除草，经常保持土面疏松，防止板结。

【收获】一般生长 25~30d，肉质根鲜艳美观，直径达 2cm 即可收获（图 12-25），收时拔大的，留下小的让其继续生长，每收获一次，应浇水一次。

图12-25 樱桃萝卜

6. 萝卜主要病虫害防治安全用药

防治对象	药剂名称	剂型	施用方式	稀释倍数或用药量	安全间隔期/d
猝倒病	霜霉威盐酸盐	72.2% 水剂	喷雾	500 倍	3
	噁霉灵	15% 水剂	喷雾	400 倍	7
黑腐病（图12-26）	中生菌素	3% 可湿性粉剂	喷雾	600~800 倍	8
	氢氧化铜	77% 可湿性微粒粉剂	喷雾	500 倍	3~5
霜霉病（图12-27）	烯酰·锰锌	69% 可湿性粉剂	喷雾	600 倍	4
	霜脲·锰锌	72% 可湿性粉剂	喷雾	600~800 倍	7
白锈病（图12-28）	百菌清	75% 可湿性粉剂	喷雾	600 倍	7
	烯酰·锰锌	69% 可湿性粉剂	喷雾	1000 倍	4
白斑病（图12-29）	甲基硫菌灵	50% 可湿性粉剂	喷雾	500 倍	7
	苯醚甲环唑	10% 水分散粒剂	喷雾	800~1000 倍	7~10
黑斑病（黑霉病）（图12-30）	春雷·王铜	47% 可湿性粉剂	喷雾	1000 倍	7
	噁霜灵	64% 可湿性粉剂	喷雾	500 倍	3
	代森锰锌	70% 可湿性粉剂	喷雾	400 倍	15
病毒病（图12-31）	氨基寡糖素	2% 水剂	喷雾	400~500 倍	7~10
	菇类蛋白多糖	0.5% 水剂	喷雾	300~400 倍	7
软腐病（图12-32）	碱式硫酸铜	30% 胶悬剂	喷雾	400 倍	20
	敌磺钠	70% 可湿性粉剂	喷雾	500~1000 倍	10
褐斑病（图12-33）	噁霜灵	64% 可湿性粉剂	喷雾	500 倍	3
	乙烯菌核利	50% 可湿性粉剂	喷雾	1000 倍	7
黄曲条跳甲（图12-34）	敌百虫	90% 晶体	喷雾	1000 倍	7
	敌敌畏	50% 乳油	喷雾	1000~1200 倍	5

防治对象	药剂名称	剂型	施用方式	稀释倍数或用药量	安全间隔期/d
菜螟（图12-35）	敌敌畏	50%乳油	喷雾	800倍	5
	辛硫磷	50%乳油	喷雾	2000～3000倍	6
菜青虫（图12-36）	辛硫磷	50%乳油	喷雾	1000倍	6
	高效氯氟氰菊酯	2.5%乳油	喷雾	5000倍	3
菜蚜（图12-37）	抗蚜威	50%可湿性粉剂	喷雾	2000～3000倍	7
	溴氰菊酯	2.5%乳油	喷雾	3000倍	3
小菜蛾（图12-38）、猿叶甲（图12-39）	啶虫脒	3%乳油	喷雾	1500倍	15
	氯氰菊酯	10%乳油	喷雾	3000倍	5
	阿维菌素	1.8%乳油	喷雾	33～50mL/亩	7

图12-26　萝卜黑腐病根茎横剖面维管束变黑呈放射状

图12-27　萝卜霜霉病

图12-28　萝卜白锈病病叶背面

图12-29　萝卜白斑病病叶正面

图12-30　萝卜黑斑病叶面上的黑斑

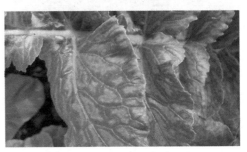

图12-31　萝卜病毒病

图12-32 萝卜软腐病根部发病症状

图12-33 萝卜褐斑病

图12-34 黄曲条跳甲成虫危害萝卜

图12-35 剥开萝卜叶梗可见菜螟幼虫

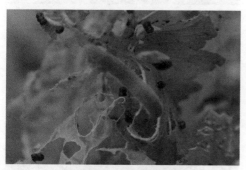

图12-36 萝卜叶片上的菜青虫

图12-37 菜蚜危害萝卜叶片

图12-38 小菜蛾危害萝卜叶片成天窗状

图12-39 猿叶甲危害萝卜叶片

十三、莴苣

1. 春莴笋栽培

【选择品种】选用耐寒、适应性强、生长快、抽薹迟的品种（图13-1）。大面积推广应先在本地小面积试种。

【选择播期】播种期为10～11月，定植期为11～12月，收获期为翌年3月至5月上旬。

注意：播种过早，温度高，幼苗易徒长，冬前苗过大易抽薹，生长点裸露在外易"窜"（图13-2）；但播种太晚，苗小，越冬易受冻害，产量低。因此，应严格选择播种期。

图13-1　春莴笋科兴一号露地栽培

图13-2　先期抽薹的春莴笋失去食用价值

【制作苗床】苗床应选在土层深厚、土质肥沃、管理方便的地块。播前5～7d施腐熟有机肥作基肥，深翻，整平整细，覆盖薄膜（图13-3）。

【播种】于晴暖天气的上午播种，可播发芽籽，也可播湿籽。一般每亩苗床用种量0.75kg，播后覆土0.3～0.5cm。应适当稀播，以免幼苗拥挤。

图13-3　春莴笋地膜覆盖栽培

【苗期管理】加强苗期保温防寒管理。1～2片真叶时及时间苗1～2次，真叶4～5片时定植。

注意：莴笋幼苗细弱，定植后恢复生长慢，冬前生长势弱，抗病力差，易造成死苗和"窜"，故应培育壮苗（图13-4）。

【大田施肥与做畦】一般每亩施腐熟农家肥3000～4000kg（或商品有机肥400～500kg）、钙镁磷肥30kg作基肥，翻地后做1.3m宽高畦。

【定植】一般苗龄以25～30d为宜。定植株行距27cm×33cm。

【浇定根肥水】栽后浇淡粪水点蔸。

【浇缓苗水】缓苗后浇一次缓苗水。

【中耕松土】浇完缓苗水后，当土表稍干不黏锄时，要及时深中耕、松土、除草（图13-5），进行第一次蹲苗。雨天排水防渍，冬前不施肥水，避免幼苗徒长。

图13-4　春莴笋育苗

图13-5　春莴笋地里早熟禾等杂草要及早防除

图13-6　莴笋茎部开裂

【结合中耕追施团棵肥】开春后，及时中耕松土，每亩追施30%人粪尿1000kg。

【重施膨大肥】封行后，茎部膨大加速，应重施2～3次追肥，每亩施人粪尿2000～3000kg（或复合肥20kg）。

【薄肥促膨大】嫩茎开始伸长生长时，根据苗情和天气，每亩再施浓度为20%～30%的稀粪水1～2次。

采收前15d左右，不再施肥水，以免造成茎部开裂（图13-6）。

【采收】当莴笋伸长并膨大，在茎顶端与最高叶片尖端齐平时，茎最为柔嫩，为采收适期（图13-7）。

图13-7　春莴笋采收

2.秋莴笋栽培

秋莴笋（图13-8）夏季播种，正值高温季节，幼苗易徒长，花芽分化早，抽薹迅速。因此，培育壮苗及防止未熟抽薹是栽培成功的关键。

【选择品种】选用耐热、生长快、品质好的早熟品种。

【选择播期】一般育苗移栽。7～9月播种，以8月上中旬播种最适。

【种子处理】播种前要进行低温催芽。

（a）方法一　多用冷冻法，即将种子浸泡24h后，用纱布包好，放在冰箱或冷藏柜中，在−5～−3℃温度下冷冻一昼夜，然后放在凉爽处，2～3d即可发芽。

图13-8　秋莴笋露地栽培

（b）方法二　没冰箱的也可用吊井法，即用凉水将种子浸泡1～2h，去"浮籽"，用纱布包好，置于井内离水面30cm处，每天取出种子淋水1～2次，连续3～4d即可发芽。

【苗期管理】播种后尽量创造温和湿润条件，可搭建阴棚，以保持苗床湿润。从出苗揭膜至定植前，用75%百菌清可湿性粉剂500倍液喷雾，每隔7～10d一次，可防止猝倒病及疫病的发生。

及时间苗，间苗后应用腐熟稀薄粪水或0.1%磷酸二氢钾溶液追肥1～2次促壮苗。

目前，蔬菜合作社大多采用漂浮育苗（图13-9）。

图13-9　莴笋漂浮育苗

【整地施肥】选择土壤肥沃、保肥保水性好、排灌方便、1年以上未种过同科作物的田块。深翻土壤，每亩施腐熟农家肥3500kg（或商品有机肥350kg）、过磷酸钙50kg、复合肥50kg。

【精细做畦】耙平，整成深沟高畦，畦面宽（包沟）1.5m。用竹架搭宽5m、高2m的拱形大棚，搭上遮阳网，每个标准大棚可整3畦。

【定植】

（a）定植时期　苗龄25～30d，4～5片真叶时定植。

注意：苗龄过长，幼苗徒长，容易"窜"。

（b）定植规格　行距30～35cm，株距25cm，每亩定植6000～7000株。以嫩株上市，密度可加倍，行株距为20cm×15cm。

（c）定植方法　由于定植期为高温季节，可选阴天或晴天下午4时后定植（图13-10）。在定植的当天上午，先给苗床浇透水，这样起苗时可少伤根，尽量多带土。

【浇定根水】定植后立即浇定根水。

【浇缓苗水】定植2d后浇施一次稀薄人粪水，促进缓苗。

【遮阴】从定植开始，利用大棚、小拱棚或平棚覆盖遮阳网（图13-11）遮阴。

图13-10　合作社员工在地里移栽莴笋苗

图13-11　秋莴笋覆盖遮阳网栽培

【追施提苗肥】缓苗后，施速效氮肥，以后适当减少浇水，保持土壤湿润即可。

【中耕】定植缓苗后要结合追肥及时中耕，以利于蹲苗。

【追施莲座肥】在莲座期前后，要施重肥2～3次，每亩施浓度为30%～40%的腐熟人畜粪3000～4000kg（或15kg尿素）。

注意：肥水应均匀，防止茎部裂口。

【防止抽薹】

（a）如生长后期出现花薹时，可将嫩茎分化出的花薹摘掉，促进茎继续生长。

（b）生长中后期，如棚内温度超过25℃，可于中午前后向遮阳棚上喷水降温，防止莴笋抽薹。

为防止秋莴笋抽薹，可在莴笋封行茎部开始膨大时，每隔6～8d用浓度为

350～500mg/kg 的矮壮素液［或防薹增粗剂（按说明书使用）］，叶面喷施 2～3 次。

【采收】秋莴笋可分批移栽，陆续采收，以半成株或成株上市。

（a）以半成株上市　最早可在定植后 45d 采收上市，茎叶都可食用。

（b）以成株上市　以心叶与外叶平齐或刚现花蕾时为采收适期，可根据需要分批采收。

▪▪▪ 3. 大棚越冬莴笋栽培 ▪▪▪

越冬莴笋，又称秋冬莴笋或冬莴笋。莴笋植株长大后抗寒力下降，易受霜冻，因此越冬莴笋要用大棚栽培（图 13-12），暖冬地区采用地膜覆盖栽培的也可露地栽培。

【选择品种】选择晚熟品种。

【选择播期】一般于 9 月中下旬至 10 月上旬播种，春节前后上市。

【播种育苗】采用遮阳网地面覆盖降温保湿，出苗后即去掉覆盖物，苗齐后间苗一次，保持苗距 3～4cm，适当控制浇水，追施一次 0.3% 尿素液，培育壮苗。

【整地施肥】定植前要翻耕烤地 5～7d，结合翻地每亩施腐熟农家肥 5000kg（或商品有

图13-12　大棚栽培越冬莴笋

机肥 600kg）、磷酸二铵 50kg、硫酸钾 15kg 作基肥。然后整地做畦，畦宽 1.2m。

【大棚定植】

（a）定植时间　越冬莴笋的苗龄控制在 30～40d，幼苗有 4～5 片叶以上，于 10 月下旬至 11 月定植。

（b）定植规格　株距、行距均为 33～40cm，一般尖叶种（图 13-13）密度大于圆叶种（图 13-14）。

图13-13　尖叶莴笋

图13-14　圆叶莴笋

（c）定植方法　定植应选择晴天进行，栽植深度以根部全部埋入土中为宜，不可过深以免压住心叶，将土稍压紧使根部与土壤充分密接。

【闭棚保温】定植后，将棚膜盖好，但晴暖天要撩起边膜和两端通风，寒潮到来的霜冻天气闭棚保温。

【控水控肥】定植成活后，肥水管理掌握"冬控春促"的原则，上棚前一般浇2～3次淡粪水，结合控温防止徒长。

【控制徒长】在定植后半个月左右，喷浓度为100～150mg/kg的多效唑或浓度为300～500mg/kg的矮壮素一次。如嫩茎伸长仍较快，或因市场原因，还要适当延后上市，可于10～15d以后再喷一次矮壮素，使肉质茎生长更粗壮。

【保湿】整个生长期，要保持土壤湿润，接近采收前控制浇水。

【覆盖防冻】元月以后，阴雨及雨雪天气多，要注意闭棚保温，晚间可在大棚四周加盖草帘或大棚内套盖小拱棚防冻。

【保温促膨大】肉质茎开始膨大后，白天保持温度在18～20℃，晚上在10℃左右。

【重施膨大肥】定植一个月后，要施重肥，每亩施尿素10～15kg、钾肥10kg（或草木灰50kg），叶面喷施0.2%磷酸二氢钾。

【采收】收获一般在春节前后进行。当莴笋植株顶端的叶与外叶相平时，为"平口期"，即收获适期。此时茎部充分长大，品质脆嫩，要适时采收。

若为延迟采收，掐尖去蕾是简单而有效的控制嫩茎窜高的措施，即在莴笋"平口期"及时于晴天用手掐去笋尖顶端生长点或花蕾。

4. 生菜四季栽培

【选择品种】要根据种植季节不同选择抗病、优质、丰产、抗逆性强、商品性好的品种。

【选择播期】一般播种期为8月至翌年2月，最适播种期为10月中旬至12月中旬，3月上旬至5月上旬亦可播种，不过此期播种的生菜生育期短，产量低。冬季和早春进行大棚（图13-15）或小棚栽培，夏季进行遮阳网或阴棚栽培。

（a）玻璃生菜（图13-16）于9月至翌年1月播种。

（b）结球生菜（图13-17）以10～12月播种为宜。

图13-15　生菜大棚栽培

【苗床制作】育苗地每亩施腐熟农

图13-16　玻璃生菜

图13-17　结球生菜

家肥 1500kg、过磷酸钙 20kg，翻耕后掺匀整平。育苗移栽，每亩栽培田需苗床 20～30m²，用种量 25～30g。

【药剂消毒】防治霜霉病、黑斑病，可用 50% 福美双可湿性粉剂或 75% 百菌清可湿性粉剂，按种子量的 0.3%～0.4% 拌种，拌种后即播种，不宜放置过长时间。

防治软腐病可用菜丰宁或专用种子包衣剂拌种。

【低温催芽】结球生菜可用干籽播种，也可浸种催芽后播种。高温季节播种，种子必须进行低温催芽，方法是：先用井水浸泡 6h 左右，搓洗捞取后用湿纱布包好，置于 15～18℃ 温度下催芽，或吊于水井中催芽，或放于冰箱中（温度控制在 5℃ 左右）催芽，24h 后再将种子置于阴凉处保湿催芽，80% 种子露白时应及时播种。

【播种】播种前苗床浇足水，将种子与等量湿细沙混匀后撒播，覆土厚 0.5cm 左右。

【苗期管理】2～3 片真叶时及时间苗或分苗。

注意：冬季、春季大棚或露地育苗，苗床需要保温，同时应控制浇水量，以防湿度过大。

夏季露地育苗，用遮阳网覆盖，每天淋水 2～3 次，使土壤湿润。

目前，蔬菜合作社或大型基地种植生菜大多选用漂浮育苗法育苗（图 13-18）。

【土壤整理】选择肥沃、有机质丰富、保水保肥力强、透气性好、排灌方便的微酸性壤土种植。早耕多翻，打碎耙平，深耕晒垡，耕层的深度为 15～20cm。

【大田施肥】每亩施优质腐熟农家肥 2500～3000kg（或商品有机肥 300～400kg）、复合肥 30kg 作基肥。

图13-18　工厂化漂浮育生菜苗（准备移栽）

【做畦】多采用平畦栽培，畦宽 0.8～0.9m。多雨地区注意深沟排水。

【定植】

（a）定植时期和规格　玻璃生菜，苗龄25d左右，4～6片真叶时可定植，株行距14cm×18cm。结球生菜，苗龄30～35d，5～6片真叶时定植，株行距17cm×20cm。

（b）定植方法　栽植深度以不埋住心叶为宜。高温季节定植的，应在定植当天上午搭好棚架，覆盖遮阳网，下午4时后移栽。冬春栽培，可采用地膜覆盖（图13-19）。定植时应带土护根，及时浇定根水。

图13-19　生菜地膜覆盖栽培

注意：大棚栽培，白天温度控制在12～22℃为宜。温度过低应保温，温度过高（24℃以上）应揭膜通风降温，一般情况下，可使大棚裙膜敞开。

【遮阴防雨】夏季栽培要注意遮阴、防雨、降温。一般用遮阳网或无纺布遮阴，可利用大棚、小拱棚或平棚覆盖遮阳网。

【薄水提苗】定植后5～6d，追施少量速效氮肥。

【浇水保湿】缓苗后，根据天气、土壤湿润情况，适时浇水，一般每隔5～7d浇水一次。

【中耕除草】中耕与除草相结合（图13-20），一般进行3次，中耕深度2～4cm，苗幼小时中耕2cm即可，苗大些可适当深一些。

【追施团棵肥】15～20d后，每亩追施复合肥15～20kg。

【适时浇水】中后期，浇水不能过量。

【追施膨大肥】25～30d后，每亩追施复合肥10～15kg。

注意：在苗期可浇稀粪水，但中后期不可用人粪尿作追肥。

【控水防高湿】大棚栽培应控制好田间湿度和空气湿度，控制浇水。雨天应及时清沟排水，忌积水。

【采收】生菜的采收期比较灵活，可根据市场的需要采收。结球生菜采收应在花芽分化前进行，当叶球紧实，单球重50g以上时，即可采收上市（图13-21）。

图13-20 生菜露地栽培易生杂草应注意中耕除草

图13-21 采收的生菜

5. 莴苣主要病虫害防治安全用药

防治对象	药剂名称	剂型	施用方式	稀释倍数或用药量	安全间隔期/d
灰霉病（图13-22）	乙烯菌核利	50%可湿性粉剂	喷雾	1000～1500倍	7
	嘧霉胺	40%悬浮剂	喷雾	800～1200倍	3
霜霉病（图13-23、图13-24）	甲霜·锰锌	58%可湿性粉剂	喷雾	400～500倍	2～3
	霜霉威盐酸盐	72.2%水剂	喷雾	600～800倍	3
	烯酰·锰锌	69%可湿性粉剂	喷雾	1000倍	4
病毒病（图13-25）	菇类蛋白多糖	0.5%水剂	喷雾	300倍	7
	盐酸吗啉胍·铜	20%可湿性粉剂	喷雾	500倍	7
细菌性叶斑病（腐败病）（图13-26）	碱式硫酸铜	30%悬浮剂	喷雾	300～400倍	20
	琥胶肥酸铜	50%可湿性粉剂	喷雾	500倍	7
	琥·乙膦铝	70%可湿性粉剂	喷雾	500倍	4
黑斑病（轮纹病）（图13-27）	百菌清	75%可湿性粉剂	喷雾	600倍	7
	甲基硫菌灵	50%可湿性粉剂	喷雾	500倍	7
轮斑病（图13-28）	甲霜·锰锌	58%可湿性粉剂	喷雾	500倍	2～3
	氢氧化铜	77%可湿性微粒粉剂	喷雾	500倍	3～5
褐斑病（图13-29）	百菌清	75%可湿性粉剂	喷雾	800倍	7
	代森锰锌	80%可湿性粉剂	喷雾	800倍	15
菌核病（图13-30、图13-31）	菌核净	40%可湿性粉剂	喷雾	1000～1200倍	7
	甲基硫菌灵	70%可湿性粉剂	喷雾	700倍	7
叶焦病（图13-32）	氢氧化铜	77%可湿性粉剂	喷雾	600～800倍	3～5
莴苣指管蚜（图13-33）	抗蚜威	50%乳油	喷雾	2000～3000倍	7
	吡虫啉	70%水分散粒剂	喷雾	10000～15000倍	10

图13-22　莴笋灰霉病

图13-23　莴笋霜霉病叶正面

图13-24　莴笋霜霉病叶背面霜霉

图13-25　莴笋病毒病（图左下植株）

图13-26　莴笋腐败病

图13-27　莴笋黑斑病叶片典型病斑

图13-28　莴笋轮斑病

图13-29　莴笋褐斑病

图13-30　莴笋菌核病茎部发病呈水渍状软腐

图13-31　生菜菌核病茎基部发病症状

图13-32　莴笋叶焦病

图13-33　莴苣指管蚜成虫微距特写

十四、芹菜

1. 春芹菜栽培

【选择品种】选择不易抽薹、较抗寒的品种（图14-1、图14-2）。

图14-1　荷兰巨芹品种

图14-2　欧菲尔芹菜品种

【选择播期】

（a）大棚、中棚、小棚栽培（图14-3）　元月上旬至2月中旬采用保护地育苗。

（b）露地栽培（图14-4）　2月底至4月直播。

图14-3　春芹菜大棚栽培

图14-4　春芹菜露地栽培

【制作苗床】苗床土选择肥沃细碎园土6份，配入充分腐熟猪粪渣4份，混匀过筛，每平方米床土中施过磷酸钙0.5kg、草木灰1.5～2.5kg、硫酸铵0.1kg，铺在苗床上，厚12cm左右。

【播种】用温汤浸种后，于15~20℃条件下催芽后播种。播种时先打透底水，然后将种子均匀地撒播在床面上，覆土厚0.5cm左右。

【苗期管理】

（a）温湿度管理　夜间温度低，可加小拱棚保温。出苗50%时撤地膜。苗出齐后，白天揭开小拱棚，保持温度在15~20℃，夜间在10~15℃。温度升高要撤除小拱棚。苗期保持床面湿润，见干立即浇水。

（b）间苗除草　喷40%除草醚乳粉160~200倍液。及时间苗（图14-5、图14-6），除草。

（c）移苗及管理　最好移苗1~2次，白天温度超过20℃时要及时放风，夜间保持在5~10℃。定植前炼苗，幼苗60d左右定植。

图14-5　西芹需间苗

图14-6　西芹被间的苗

【整地施肥】定植前半月整地做畦，每亩施腐熟农家肥5000kg（或商品有机肥500kg），耙细耧平，畦宽1m。

【定植】

（a）定植时期　大棚、中棚、小棚栽培，当棚内温度稳定在0℃以上，地温在10~15℃时定植。

若在大棚内扣小拱棚，定植还可提早一周左右。

（b）定植规格与方法　选择寒尾暖头的晴天上午定植。西芹每畦栽4行，穴距30cm，单株；本芹栽5~6行（图14-7、图14-8），穴距10~12cm，每穴4~5株，

图14-7　大棚内栽培本芹

图14-8　大棚内栽培本芹近景图示

边栽边浇水，栽植不能太深，以土不埋住心叶为宜。

【浇定根水】定植初期，适当浇水，加强中耕保墒，提高地温。

【浇缓苗水】缓苗后，浇缓苗水，不要蹲苗。灌水后适时松土。

【结合浇水追施苗肥】植株高30cm时，肥水齐攻，每亩施硫酸铵25kg或尿素15kg左右，追肥后应立即灌水。

【温度管理】大棚、中棚、小棚定植初期要密闭保温，心叶发绿时适当降低温度，随着外界气温逐渐升高加大放风量。外界气温白天在18～20℃时，选无风晴天全部揭开塑料薄膜大放风，夜间无寒潮时开口放风。终霜期过后，选阴天早晨或晚上光照较弱时撤掉小拱棚。

【肥水管理】植株高达33～35cm时肥水齐攻（图14-9）。追肥时要将塑料薄膜揭开，大放风，待叶片上露水散去后，每亩撒施硫酸铵25kg左右。追肥后浇水一次，以后隔3～4d浇一次水，保持畦面湿润至收获。采收前不要施稀粪。缺硼（图14-10）时，可每亩施用0.5～0.75kg硼砂。采收前15d用30～50mg/kg的赤霉酸叶面喷施1～2次。

图14-9　春芹菜植株生长旺盛期应肥水齐攻

图14-10　芹菜缺硼横裂表现

【浇水保湿】生长后期，不能缺水，每隔3～5d浇一次水，两次后改为2d浇一次水，始终保持畦面湿润。也可适当再追1～2次肥。

【采收】芹菜的采收时期可根据生长情况和市场价格而定，一般定植50～60d后，叶柄长达40cm左右，新抽嫩薹在10cm以下，即可收获。可连根掘收（图14-11），还可叶柄分批采收（图14-12）、间拔收获、割收等。

图14-11　芹菜连根掘收

图14-12　芹菜叶柄分批采收

【病害防治】注意防治芹菜斑枯病、病毒病、菌核病、软腐病等。

▰▰▰ 2. 夏、秋芹菜栽培 ▰▰▰

【选择品种】根据当地气候条件和消费习惯，选用抗热、耐涝的品种。

（a）夏芹　在日平均气温15℃左右时可播种，一般在3月中下旬至5月多直播（图14-13），也可育苗移栽。

（b）秋芹　5月下旬至8月育苗移栽。

【制作苗床】施入充分腐熟的有机肥，每平方米苗床施入磷酸钙0.5kg、草木灰1.5～2.5kg，耙平做畦。

【种子处理】

（a）方法一　播前7～8d将种子放在凉水中浸泡24h，揉搓，洗掉黏液，将种子晾至半干，用湿布包好，放在阴凉通风处或水缸旁或

图14-13　夏芹菜直播栽培

吊挂在井内距离水面30～40cm处催芽，保持温度在15～20℃，每天翻动1～2次，并用凉水清洗一次，5～7d后种子发芽时可播。

（b）方法二　用5mg/kg的赤霉酸浸种12h，捞出后待播。

（c）方法三　将种子浸种后取出，放在15～18℃温箱内，12h后将温度升到22～25℃，经12h后，再将温度降至15～18℃，如此重复以上操作，3d左右种子即可出芽。

【播种】选阴天或晴天傍晚播种，播种前苗床浇透水。均匀撒播种子，覆土0.5～1cm厚。

【苗期管理】

（a）播种后出苗前　用25%除草醚可湿性粉剂0.5kg，兑水75～100kg，均匀喷洒苗床畦面。

播种后，采用覆盖秸秆、稻草等措施遮阴降温；也可以在距地面1～1.5m处搭上支架，上面覆盖遮阴材料（图14-14）；还可以与小白菜混播，保持畦面湿润，早晚小水勤浇，暴雨或热雨过后，可浇井水降温。用催芽的种子播种，播后2～5d可出苗，当幼苗拱土时，要轻浇一次水，1～2d后苗便可出齐。

（b）出苗后　揭掉覆盖物前先浇水，于傍晚逐渐撤去覆盖物，并覆盖一层细土。

图14-14　小拱棚遮阴培育芹菜苗

（c）第一片真叶展开前　小水勤浇。

（d）第一片真叶展开后　保持土壤湿润，但不能浇水过多。间苗 1～2 次，拔除弱苗和杂草。

（e）2～3 片真叶时　浇水要见干见湿，随浇水追肥 1～2 次，每亩施入硫酸铵 10kg 左右。

（f）4～5 片真叶时　可定植。

【整地施肥】前茬收获后立即深翻，晒茬 3～5d，每亩施腐熟农家肥 5000kg（或商品有机肥 500kg），然后耙细整平做畦。

【做畦】北方多用平畦，南方多用高畦，畦宽 1～1.7m 不等。

【定植】

（a）定植时期　苗龄 50～60d，选阴天或多云天气定植。

（b）定植规格　本芹行株距 15cm×10cm，每穴双株。西芹行株距 40cm×27cm，每穴单株（图 14-15）。

图14-15　西芹夏秋栽培

（c）定植方法　定植前浇透水，起苗时带主根 4cm 左右铲断。栽植时以埋住根茎为宜，不要埋住心叶。

【夏芹菜浇水管理】干旱时，每 2～3d 浇一次水。浇水应在早上、傍晚进行，遇大雨应及时排水防涝，遇热雨应及时浇冷凉的井水降温。

【夏芹菜追肥管理】整个生长期应及时追肥，掌握多次少量的原则，每 10～15d 一次，每次每亩施尿素或复合肥 10～12kg，可随水冲施，直到收获前 15～20d 停止追肥。

注意：芹菜生长期忌用人粪尿等农家肥，否则会引起烂心或烂根。

【中耕除草】生长前期可进行中耕 1～2 次，结合中耕应及时拔草。

【喷施植物生长调节剂】采收前一个月，可每隔 7～10d 左右喷一次浓度为 20～50mg/kg 的赤霉酸，增产效果明显。

▪▪▪ 3.越冬芹菜栽培 ▪▪▪

【选择品种】选用耐寒、冬性强、抽薹迟的品种。

【选择播期】越冬芹菜多露地育苗，一般 8 月初至 9 月初播种，苗龄 50～60d。也可采用育苗移栽，播种期提前 15d 左右。

【制作苗床】选择地势高燥、排水良好、土壤肥沃的生茬地块作为育苗床。整地做畦，畦宽 1～1.2m，施入腐熟有机肥，搂平、耙细。

【种子处理】选择前 1～2 年的陈种子，适当揉搓种子，去杂，在清水中洗净，浸种 24h，再晾至半干，用湿布包好，置于 15～18℃ 条件下催芽，每天翻动种子，并用清水淘洗一次，80% 种子出芽后播种。

【播种】播前苗床浇足底水，水渗下后撒一层薄土，然后均匀撒播种子，覆土 0.5～1cm 厚。9 月前播种气温较高，须遮阴，9 月以后播种不必遮阴。

【苗期管理】

（a）追肥浇水　真叶展开后要追肥，每亩追硫酸铵 10kg 左右，追肥后要及时灌水，保持畦面见干见湿。

（b）及时间苗　一般间苗 1～2 次，间苗后轻撒一层细土，浇少量水。结合间苗拔除杂草或在播种后出苗前喷洒除草醚。

（c）病害防治　发现病株，及时清除，并喷洒 50% 多菌灵可湿性粉剂 1000 倍液灭菌。

【整地施肥】一般前茬为秋白菜等，前作收获后立即整地做畦。每亩施腐熟优质农家肥 3000～5000kg(或商品有机肥 400～600kg，或复合肥 50kg)，混匀、耙平，做畦，畦宽 1.5～1.8m。

【定植】按行丛距（15～16）cm×（6～7）cm，每丛 2～3 株，进行定植。

【浇定根水】定植后浇定根水。

【遮阴防旱】前期如干旱，可在缓苗期覆盖遮阳网，昼盖夜揭，后期天气转凉，可露地栽培（图 14-16）。

【浇缓苗水】定植 4～5d 后，地表见干、苗见心后，浇第二次水。

【中耕松土除草】雨水后中耕松土，及时人工拔除田间杂草（图 14-17）。

图14-16　越冬芹菜露地栽培　　图14-17　芹菜地里的繁缕等杂草要及时人工拔除

【浇冻水】入冬前浇一次冻水，具体时间应根据本地区当年的气候条件而定，早则在立冬前后，晚则在冬至前后，要浇足、浇透，特别是在干旱少雨的年份，要补浇二次水。

【盖棚保温】若后期遇冰雪天气要盖膜防霜冻（图 14-18）。可进行大棚栽培，在

图14-18 芹菜受冻害

11月下旬早霜到来时盖棚膜；也可覆盖草帘，将草帘盖在畦面上，雪天要清扫积雪。

【浇返青水】平均气温回升到4～5℃时，要去掉黄叶，浇返青水，及时中耕培土。

【结合浇水追肥】旺盛生长期，肥水齐攻，每亩施硫酸铵20～25kg，可随水施入稀粪尿，以后每4～5d浇一次水，采收前7d停止浇水。

4. 芹菜主要病虫害防治安全用药

防治对象	药剂名称	剂型	施用方式	稀释倍数或用药量	安全间隔期/d
猝倒病（图14-19）和立枯病	甲基硫菌灵	36%悬浮剂	喷雾	500倍	7
	嘧菌酯	25%悬浮剂	喷雾	1000～1200倍	1
	霜霉威盐酸盐	72.2%水剂	喷雾	600倍	3
灰霉病（图14-20）	腐霉利	50%可湿性粉剂	喷雾	1000～1500倍	1
	嘧霉胺	40%悬浮剂	喷雾	800～1000倍	3
软腐病（图14-21）	氢氧化铜	77%可湿性粉剂	喷淋	600～800倍	3～5
	噻菌铜	20%悬浮剂	喷淋	500～600倍	10
斑枯病（晚疫病）（图14-22）	精甲霜·锰锌	68%水分散粒剂	喷雾	600～800倍	7
	霜霉威盐酸盐	72.2%水剂	喷雾	1000倍	3
	噁唑菌酮	65.5%水分散粒剂	喷雾	800～1200倍	20
斑点病（早疫病）（图14-23）	精甲霜·锰锌	8%水分散粒剂	喷雾	600～800倍	7
	嘧菌酯	25%悬浮剂	喷雾	1000～2000倍	1
	戊唑醇	43%悬浮剂	喷雾	3000～4000倍	14
细菌性叶枯病（图14-24）	氧化亚铜	56%水分散粒剂	喷雾	600～800倍	20
	氢氧化铜	77%可湿性粉剂	喷雾	500倍	3～5
菌核病（图14-25）	菌核净	40%可湿性粉剂	喷雾	1000倍	7
	霜霉威盐酸盐	72.2%水剂	喷雾	1000倍	3
	噁唑菌酮	65.5%水分散粒剂	喷雾	800～1200倍	20
病毒病（图14-26）	菌毒清	5%可湿性粉剂	喷雾	500倍	7
	盐酸吗啉胍·铜	20%可湿性粉剂	喷雾	500～700倍	7
黑腐病（图14-27）	甲基硫菌灵	50%可湿性粉剂	喷雾	500倍	7
	氢氧化铜	77%可湿性粉剂	喷雾	500倍	3～5

防治对象	药剂名称	剂型	施用方式	稀释倍数或用药量	安全间隔期/d
根结线虫病（图14-28）	阿维菌素	1.8%乳油	喷雾	4000倍	7
	辛硫磷	50%乳油	喷雾	1500倍	6
蚜虫	抗蚜威	50%可湿性粉剂	喷雾	2000～3000倍	7
	吡虫啉	10%可湿性粉剂	喷雾	2000～3000倍	10

图14-19　芹菜猝倒病

图14-20　芹菜灰霉病

图14-21　芹菜软腐病
（生长点烂掉，全株枯死）

图14-22　芹菜斑枯病叶片正面病斑上
的小黑点

图14-23　芹菜早疫病叶片发病后期

图14-24　芹菜细菌性叶枯病

图14-25　芹菜菌核病发病叶片

图14-26　芹菜病毒病叶片表现畸形扭曲

图14-27　芹菜黑腐病根部

图14-28　芹菜根结线虫病

十五、莲藕

1. 莲藕无公害栽培

【选择播期】一般在春季气温上升到15℃以上，10cm深处地温达12℃以上时开始栽植。多在3月下旬至4月上旬种植。

【土壤整理】宜于大田定植15d之前整地，耕翻深度25～30cm。修筑好池埂，即在藕池四周挖宽1.5～2m、深1～1.5m的沟，并筑田埂高1～1.5m。头年种过藕的老藕田，若挖藕时已留下种藕，不需再种，可不耕翻，但要在出苗前整修好田埂，并把距田埂1.5cm以内的藕全部刨出来，同时清除田中的老藕叶、梗等。

注意：选择的湖、塘、河尽量远离水稻等禾本科作物，因生产上禾本科作物施用除草剂时容易对莲藕造成飘移药害（图15-1）。

【大田施肥】最后一次耕翻前施足基肥，每亩施腐熟农家肥3000kg（或商品有机肥400kg）、磷酸二铵60kg、复合肥50～80kg。第一年种植莲藕的，每亩宜施石灰50kg。

【选择种藕】同一地块最好只种植1个品种。可栽植由上年无性繁殖长成的整藕、主藕、子藕等，以及利用藕节、顶芽等假植培育出的幼苗，或栽植上年经有性繁殖长成的小藕。

将种藕留在原田内过冬，随挖（图15-2）随选、随栽。

图15-1　藕田附近稻农施除草剂飘移至莲藕造成药害

图15-2　用于栽植的带泥完整种藕

从外地引种时，种藕应带泥不洗，贮运时堆高不宜超过 1m，堆上用洁净的稻草、草包或麻袋覆盖，经常洒水保湿。

【种藕消毒】种藕特别是从外地引进的种藕要先消毒再栽植，可用 50% 多菌灵可湿性粉剂或 70% 甲基硫菌灵可湿性粉剂 800 倍液，加 75% 百菌清可湿性粉剂 800 倍液，喷雾后用塑料薄膜覆盖，密封闷种 24h，晾干后播种。

【种藕催芽】早熟种栽培时可先在室内进行催芽。在断霜前 20d 左右，将种藕置于室内，上下垫稻草，每天洒水 1～2 次保湿，保持温度在 20～25℃。经 20d 左右，藕芽长至 10cm 左右时栽植。

【定植前除草】定植前，应结合耕翻整地清除杂草。

【定植】

（a）定植规格　因品种、种藕大小、环境条件以及上市时间等的不同而异。

早熟品种：一般宽窄行栽植，株行距为 1m×（1.5～2）m，每穴种主藕 1 支（或子藕 2 支），每亩栽 600～700 支藕，约需种藕 200～250kg。

中晚熟品种：株行距为 1m×（2～2.5）m，每亩栽 300～400 支藕，约需种藕 150～200kg。深水藕田由于发苗较慢，分枝较少，宜增加用种量 20% 左右。

小技巧：适当密植，有利于早熟增产。

（b）定植方法　栽植时，田间保持 3～5cm 浅水，并按预定行株距及藕鞭走向，将种藕分布在田面上。边行离田埂 1～1.5m，栽 8～12cm 深，黏重土壤偏浅，松软土壤偏深。按种藕的形状用手扒沟栽入，并以不漂浮为原则。

一般采取头下尾上的斜植方式（切忌插反，图 15-3），前后与地平面成 20°～25° 夹角，栽植时要求四周边行藕头一律朝向田内，田间各行上的栽植点要相互错开，藕头相互对应，分别朝向对面行的株间。中心两行种藕间距离应加大至 3～4m。最好由田中间向两边退步栽植，栽后随即抹平藕身上的覆泥。栽时一般每穴 3 支，一大二小相搭配（图 15-4）。

图15-3　某农户植藕时藕头朝上致生长不良

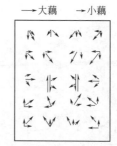

图15-4　三岔法栽植示意图

【追施立叶肥】在 1～2 片立叶时（图 15-5）进行，每亩施腐熟农家肥 1000～1500kg（或商品有机肥 150～200kg）或尿素 10～15kg。

【除草】从出现浮叶（图15-6）开始，到荷叶封行前要除草2～3次。除草时可把浮叶、黄叶、枯叶摘下塞入泥中，但在植株封行之前，不要过早地把浮叶除去（图15-7）。

图15-5　莲藕立叶期

提倡用化学除草剂除草，方法是：放干或放浅田水，每亩用12.5%氟吡甲禾灵或35%吡氟禾草灵乳油40mL，兑水40～50L，充分搅拌均匀，当露水干时对杂草叶面进行喷雾，约经4d，可显著杀死3～4叶期的禾本科杂草。

图15-6　浮叶

图15-7　藕田人工除草

对其他杂草，可用50%哌草磷-戊草净合剂（威罗生）乳油100mL，拌5kg尿素及5kg干细土，于莲藕立叶高出水面30cm时撒施。

发现有野藕应清除。

【防病防藕蛆】在莲藕长出2片立叶时，每亩施用生石灰60kg可防病防藕蛆，在时间上应与施氮肥或过磷酸钙相隔15d左右。先将田水放浅，把成块的生石灰撒到荷叶较少的空旷处，待其溶化后，用铁锨撒开，并与泥土掺和。

【转藕头】从植株抽生立叶和分枝开始，到开始结藕以前，植株生长旺盛，藕田四周有些植株莲鞭（图15-8）易向外生长，穿越田埂，应定期拨转藕头。生长初期每5～7d进行一次，生长盛期每3～5d进行一次。当看到新抽生的卷叶在距田埂仅1m左右处出现时，及时拨转藕头，使其转回田内；发现田内植株疏密不均，也应尽量将过密的藕头拨转到稀疏的地方。

转藕头应在晴天下午茎叶柔软时进行，将藕头连同后把节托起轻轻将藕头

图15-8　莲鞭

窝回田内，并用泥埋好。

【追施封行肥】在荷叶封行前进行，每亩施人畜粪尿 1500kg（或商品有机肥 200kg），或尿素 15kg，或硫酸铵 25kg。

【摘浮叶】当立叶布满田面时，浮叶逐渐枯萎，应及时予以摘除。有的立叶因病虫害或其他原因导致发黄或枯萎时，也应予以摘除。

【追施坐藕肥】在终止叶出现时，每亩施人粪尿 1500～2000kg（或商品有机肥 150～200kg）或尿素 15～20kg，外加过磷酸钙 15～20kg。

图15-9　7月采收的嫩藕

缺钾土壤还应补施硫酸钾 15～20kg，全田撒施。若于 7 月中下旬采嫩藕（图 15-9），或藕田肥力较高，植株长势较旺，则第三次追肥可以不进行。浅水藕田多施用化肥，深水藕田因化肥易流失，多采用固体施肥。

施追肥时，要选择晴朗无风天气，避免在炎热的中午进行。施肥前一天应放干田水，保持土壤湿润或尽量呈浅水田，在早晨露水干后即可施肥，肥料渗入土中后注水至原来水位。如果叶面上沾上化肥，应立即泼水冲洗以防灼伤。

【水深调节】前期、中期、后期采用"浅—深—浅"的灌水法，如此莲藕成熟较早，产量产值最高。

（a）浅水藕田水深调节方法　栽种初期，田中水位 3～5cm，最深不超过 10cm，浮叶出现后保持 6～7cm，2～3 片立叶时升至 10cm，以后逐渐加深至 17～25cm，到坐藕期，在 3～5d 内将田水落浅到 10cm 左右，促进结藕。如遇汛期，应及时排水，防止水淹没立叶（图 15-10）。到新藕成熟时，将水位逐渐降到 3～5cm。

（b）深水藕田水深调节方法　主要是防止汛期受涝及结藕期水位过高，汛期水位猛涨后，应于 1～2d 内退水，保持稳定的水位，以利于稳产、高产。

【折花梗】藕莲是以采藕为目的的，如有花蕾应将花梗折曲（不可折断，以防雨水浸入）（图 15-11）。

图15-10　汛期水淹没湖藕导致死亡

图15-11　应提早摘荷花

【割老叶】在藕叶和叶柄全部枯死前，即采藕前约半个月，将藕叶及部分叶柄一起割除，可减少铁锈斑的发生。

【采收】

（a）浅水藕　当终止叶叶背微呈红色，立叶大部分枯黄时，表明新藕已成熟，即可采收。一般早熟品种在栽后140～150d采收，中晚熟品种在栽后170～190d采收。

图15-12　采挖完整的湖藕

采收前10d左右，将水放干。采收时，先根据后栋叶与终止叶的位置找出结藕位置（一般终止叶是着生在藕节上的），然后顺着藕找到莲鞭，在藕前将莲鞭留5cm左右折断，以免泥水灌入气孔。浅水藕可从冬季到翌年春季根据气温、市场需求情况陆续采收（图15-12）。留作种藕的，应于种藕移栽前挖取。

（b）深水藕　深水藕多为晚熟品种，一般不采收嫩藕。

采收与留种同时进行。方法是：先将藕田四周近田埂1.5m范围内的藕全部挖出，然后在田中每隔2m留0.5m不挖，不挖的留作种藕。以后每年轮换采收。采收时，先用脚踢去藕四周的泥土，将后栋叶节的外侧莲鞭踩断，然后用脚将藕轻轻钩出。水深的藕田，可用带长柄的铁钩，钩住藕节，拧提出水。

2. 子莲栽培

【选择种藕】生产上以种藕进行无性繁殖，选择的种藕应色泽新鲜，藕身短而健壮，顶芽完好，无病斑、无损伤，单个藕支至少具有1个顶芽、2个节间和3个节，随挖、随选、随种。种藕栽植一定要适时：过早，易受冻而缺株；过迟，营养生长期缩短，早期莲蓬小，粒少。种藕可用50%多菌灵可湿性粉剂800倍液消毒。

【选择播期】一般在清明后4月份，当地气温稳定在15℃以上，水中土温12℃以上时即可移栽，且抓冷尾暖头天气移栽。

【选择莲田】子莲栽培（图15-13）莲田连作时间不宜超过2～3年，并且尽量每年挖藕重栽，子莲可与陆生作物或水生经济植物轮作。选择有灌溉条件、阳光充足、田地平整、土层深厚、肥力中上的低湖田或水稻田最好，土质以壤

图15-13　子莲栽培

土、黏壤土、黏土为宜，土壤 pH 值以 6.5～7.0 为好。瘠薄沙土田、常年冷浸田、旱田、锈水田不宜种植。

【整理莲田】莲田要精耕细作，采取二耕二耙，达到深度适当、土壤疏松、田面平整的标准。定植前 15～20d，耕深 30cm，清除杂草，耙平泥面。

【大田施肥】基肥以充分腐熟的农家肥为主，并在整田时一次施入耕作层内。一般每亩施绿肥或猪牛粪 2000～3000kg（或商品有机肥 200～300kg），加生石灰 40～60kg；或饼肥 150～200kg 加过磷酸钙 50～60kg，硫酸锌 1～2kg，硼砂0.5～1kg。

【种藕栽植】

（a）移栽规格　栽种前保持田水 3cm 深，株行距为 1.5m×1.5m 或 1.3m×1.3m，每亩栽 140～150 穴，每穴栽 1 支种莲。

或按株行距 3.5m×4m，每亩栽 45～50 穴，每穴栽 3 支种莲，每亩用种量为60～90kg。

最好每年进行定植移栽。

（b）移栽方法　藕头朝下，后把梢朝上，斜插入沟中，使后把梢稍露出泥面，然后覆泥。

注意：种藕要离田埂周围 1.6m 左右。

【浅水长苗】从出苗到长出 1～2 片立叶期，莲苗小，水温低，宜浅水灌溉，水深 4～8cm，有利于提高地温促进发芽，也有利于长出的幼叶生长。若遇寒流或大风天气，应适当灌水，加深水位。

【施好苗肥】苗期视莲苗长势情况少施或不施肥。需要追肥时，施肥量要少，每亩可施腐熟人畜粪肥 400～500kg，或尿素 4～5kg、过磷酸钙 7.5kg、硫酸钾2.5kg。

注意：施肥时要放浅水，人畜粪肥可撒施，无机肥料可与 3～4 倍细土拌匀后撒施或点施于植株的周围。

【中水促分蘗】当种藕长出 2～3 片立叶后，水位可加深到 10cm，以后随着植株立叶的增多以及结蕾、开花等，再逐步加深到 15～20cm。

【耘田】莲藕移栽后到莲叶满田前，要耘田 2～3 次。

【摘除浮叶】及时摘除浮叶和过剩的立叶，当莲株长出 3～4 片立叶时，将浮叶摘除。

【巧施始花肥】在田间出现有少数花蕾时，即可开始追肥，每亩可施腐熟人畜粪肥 700～1000kg，或尿素 7～10kg、过磷酸钙 12～15kg、硫酸钾 5～6kg。

【清除老藕，调整莲鞭】5 月下旬至 6 月下旬，当莲鞭长出 5～6 片立叶时，应将开始腐烂的种藕折断取出，并深翻老藕处泥土，换上新土，施入枯饼肥，再调入新莲鞭。当莲鞭先端接近田埂时应及时调转鞭头，每 4～5d 进行一次，共 4～5

次，使莲鞭朝向田中生长。

【花期放蜂】据经验，子莲大面积栽培时，每 2.5～3hm² 莲田配备 1 箱蜜蜂比较合适。由于莲花无花蜜，所以要对传粉蜜蜂加强喂养。

【深水促结实】在开花结果盛期，应勤灌水，保持 20～25cm 深的水，水一般于清晨灌入田内。

【重施花果肥】一般 6 月上中旬至 7 月中下旬是花果及植株生长的高峰期，此期可每隔 15d 左右追肥一次。每次每亩可施腐熟人畜粪肥 800～900kg，或尿素 7～8kg、过磷酸钙 10～13kg、硫酸钾 3～5kg。

如果在施基肥时没有施硼、锌等微量元素肥料或施量较少，则可追施硼、锌等微量元素肥料。

【摘除过剩立叶】新莲田因莲叶封行较迟，一般在 7 月中下旬才开始摘除过剩立叶（无花立叶），以后每采收一次莲蓬即随手摘除同一节上的莲叶，直至 8 月下旬。坐蔸莲田莲叶封行早，无花立叶多，应适当早摘无花立叶，一般在 6 月上旬至 7 月中旬分 2～3 次摘除。

【防治病虫害】斜纹夜蛾一般 5～6 月开始发生，7～8 月大量发生，可用性诱剂在 5～8 月诱杀斜纹夜蛾。

【采收】一般于 7 月中旬开始采收（图 15-14），到 9 月下旬基本收完。生产上要做到及时采收，不漏采，不丢失莲实，在田间管理和采收莲蓬时要仔细观察有无实生苗，一旦发现立即清除。

（a）采收时机　加工通心莲的莲子不能太老或太嫩，以莲蓬变成绿褐色、莲籽与莲蓬孔稍松动、莲籽壳变软、籽粒粗皮呈紫褐色时采摘为宜（图 15-15）。

（b）采收方法　采莲季节应在田间开几条采莲道，便于采摘。一般每隔 2～2.5m 开一条道。采摘莲蓬时，在采莲道上采摘。为便于采摘较远处的莲蓬，可手持一根小竹钩。采莲最好在早晨进行。初采时每隔 3～4d 采摘一次，盛采期隔天采摘一次。莲蓬采回后经阴干后熟，及时脱粒，然后摊晒 3～4d，包装收藏。

图15-14　适时采收供鲜食的莲蓬

图15-15　适于加工通心莲的莲子

【补施后劲肥】后劲肥一般在立秋前后追施，可追施速效肥，一般每亩可施尿素 5～6kg、硫酸钾 2～3kg，或人畜粪肥 500kg。

注意: 如果荷叶生长较为旺盛，则可少施或不施后劲肥，反之则应适当多施一些。

【浅水护苗】 入秋以后，当气温下降至 25℃ 以下时，水位要落浅至 8～10cm。当气温下降至 20℃ 以下时，水位再降至 5cm 左右。

注意: 子莲生长期间，一般不宜进行晒田。藕在地下越冬期间，田间应不断水，如果温度过低，可适当提高水位或在田面覆盖稻草保温等，以防止藕身受到冻害。

图15-16　农民采收藕带

【用好根外肥】 可用 0.3%～0.5% 磷酸二氢钾进行叶面喷施，也可根据情况将一些锌肥、硼肥等微量元素肥料作为叶面肥配液进行施用。

提倡生产目的以加工通心莲或采收青莲蓬为宜，这样可减少莲实自然落泥的机会。

【采收藕带】 藕带（图 15-16）为子莲栽培的副产品，在 2 年生或多年生栽培的田间，一般从第二年开始采收藕带，结合疏苗进行，或作为疏苗的措施。子莲田的藕带采收季节一般在 5 月上旬至 6 月底，可分期持续采收。

3. 莲藕主要病虫害防治安全用药

防治对象	药剂名称	剂型	施用方式	稀释倍数或用药量	安全间隔期/d
腐败病（枯萎病）（图15-17）	百菌清	75%可湿性粉剂	喷雾	600倍	7
	甲基硫菌灵	70%可湿性粉剂	喷雾	700倍	7
	多菌灵	50%可湿性粉剂	撒施	600倍	15
棒孢褐斑病（图15-18）	炭疽福美	80%可湿性粉剂	喷雾	1000倍	14
	咪鲜胺	25%可湿性粉剂	喷雾	1000倍	12
	氟硅唑	40%乳油	喷雾	5000倍	7～10
黑斑病（叶斑病、褐纹病）（图15-19）	百菌清	75%可湿性粉剂	喷雾	1000倍	7
	代森锰锌	70%可湿性粉剂	喷雾	600倍	15
	噁霜灵	64%可湿性粉剂	喷雾	600倍	3
	甲霜·锰锌	58%可湿性粉剂	喷雾	500倍	2～3
病毒病（图15-20）	菇类蛋白多糖	0.5%水剂	喷雾	300倍	7
	吗啉胍·乙铜	20%可湿性粉剂	喷雾	500倍	7

防治对象	药剂名称	剂型	施用方式	稀释倍数或用药量	安全间隔期/d
叶腐病（图15-21）	甲基硫菌灵	70%可湿性粉剂	喷雾	800倍	7
	嘧霉胺	40%悬浮剂	喷雾	3000～4000倍	3
莲缢管蚜（图15-22）	抗蚜威	50%可湿性粉剂	喷雾	1000倍	7
	吡虫啉	5%可湿性粉剂	喷雾	1500～2000倍	10
斜纹夜蛾（图15-23）	氰氟虫腙	24%悬浮剂	喷雾	600～800倍	7
	阿维菌素	1%乳油	喷雾	1000倍	7
莲潜叶摇蚊	灭蝇胺	50%可湿性粉剂	喷雾	4000倍	7
	阿维菌素	1.8%乳油	喷雾	1500倍	7
螺类（图15-24、图15-25）	聚醛·甲萘威	7%乳油	撒施	1000倍	
	四聚乙醛	80%可湿性粉剂	撒施	2000倍	7

图15-17　莲藕腐败病

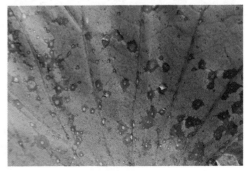

图15-18　棒孢褐斑病叶正面病斑中内
具灰白色小点

图15-19　链格孢叶斑病田间发病状

图15-20　莲藕病毒病

图15-21　莲藕叶腐病

图15-22　莲缢管蚜聚集危害叶柄

图15-23　斜纹夜蛾危害莲叶

图15-24　莲藕茎秆上的福寿螺卵块

图15-25　莲藕浮叶背面的耳萝卜螺

十六、香菇

香菇袋料栽培（图16-1），在南方，一般5月制取母种，5～6月制作原种，6～7月制作栽培种，8～9月接种栽培，10月至次年6月出菇。接种以8月中下旬至9月上中旬为宜。

【选配菌种】

（a）选择标准 要求温湿度适应范围广，抗霉能力强，出菇早，转潮快。一般应选中温型菌种，中温型菌种出菇期较长，产量较高。如果以生产鲜菇上市为主要目的，可选用高温型菌种或中高温型菌种，若以生产干菇、花菇为主，则应选用低温型菌种、中低温型菌种。

图16-1 香菇菌棒

（b）高温型菌种 出菇适宜温度范围是15～25℃，品种有Cr04、武香1号、8001、808、广香47等，宜在8月份接栽培袋。

（c）中温型菌种 出菇适宜温度范围是10～20℃，品种有Cr62、Cr66、申香4号、申香2号、申香系列、农林11、82-2、L-26、Lp612等，宜在9月份接栽培袋。

（d）低温型菌种 出菇适宜温度范围是5～15℃，品种有庆元9015、939（图16-2）、香菇241-4、庆科20等，宜在10月上旬接栽培袋。

【菌种制备】分母种、原种、栽培种三级。

（a）母种（图16-3） 采用菇木分离获得，一般为科研单位生产。

（b）原种（图16-4） 培养基采用木屑培养基，其配方为杂木屑78%，米糠或麦麸20%，糖及石膏各1%。先按比例将各种原料混合拌匀，并加水反复搅拌，至

图16-2 香菇品种939

图16-3 931香菇母种

图16-4 212香菇瓶装原种

用手握料时指缝间渗水即可。装瓶要求上下松紧一致。

培养基可采用高压灭菌，在 1.5kgf/cm²（1kgf/cm²=98.0665kPa）压力下灭菌 1.5h。也可采用土蒸灶常压灭菌，100℃保持 6～8h，再闷 4h。接种后，置 28℃左右温度下培养 30～40d，菌丝即可发到瓶底。

（c）栽培种　培养料和操作技术基本上和制备原种相同。

制备栽培种的季节应在 7 月中下旬，一瓶原种约可接栽培种 80 瓶，菌种培养时间为 60～80d；控制培养室温度不能超过 28℃，以 24～26℃最好。

培养室要加强通风换气，要有一定的散射光线，培养期间，若发现瓶内有杂菌，应及时除掉。

【培养料配方】

（a）主要配方　根据当地原料资源情况，因地制宜选用配方，常用配方有以下几种。

配方一：阔叶木屑（图 16-5）100kg，麦麸（图 16-6）20kg，玉米粉 2kg，红糖（图 16-7）1.5kg，石膏粉（图 16-8）2.5kg，过磷酸钙 0.6kg，尿素 0.3kg；

图16-5　木屑　　　　　　　　　　　图16-6　麦麸

图16-7　红糖　　　　　　　　　　　图16-8　石膏粉

配方二：阔叶木屑 80%～82%，麦麸 16%～18%，石膏 1%，硫酸镁 0.5%；

配方三：阔叶木屑 79%，麦麸或米糠 20%，石膏 1%；

配方四：阔叶木屑 79%，麦麸 12%，玉米粉 5%，豆饼粉 2%，石膏 1%，糖 1%；

配方五：阔叶木屑 78%，麦麸或米糠 20%，石膏粉 1%，白糖 1%；

配方六：阔叶木屑 76%，麦麸或米糠 20%，玉米粉 3%，石膏 1%；

配方七：阔叶木屑 74%，麦麸或米糠 25%，石膏 1%；

配方八：阔叶木屑 66%，棉籽壳 20%，麦麸 10%，葡萄糖（或蔗糖）1.2%，石膏 2%，尿素 0.3%，过磷酸钙 0.5%；

配方九：阔叶木屑 46%，玉米芯颗粒 25%，麦麸或米糠 25%，玉米粉 3%，石膏 1%；

配方十：阔叶木屑 43%，棉籽壳 43%，麦麸 10%，葡萄糖（或蔗糖）1.2%，石膏 2%，尿素 0.3%，过磷酸钙 0.5%；

配方十一：棉籽壳 100kg，麦麸 20kg，石膏粉 3kg，石灰粉 0.6kg。

配方十二：棉籽壳 60%，木屑 20%，麦麸 15%，玉米粉 3%，石膏 1%，白糖 1%；

配方十三：玉米芯 68%，棉籽壳 15%，麦麸 15%，石膏 1%，白糖 1%。

（b）原料要求　原料可以就地取材，但要新鲜、干燥、无霉变结块、无虫、无杂菌寄生。使用前先摊晒 1～2d。

阔叶木屑，用量按每袋（15cm×55cm）0.8kg（干重，下同）备料，即每万袋需准备木屑 8t，提前建堆，淋水让其自然发酵，中间翻拌 2～3 次，堆积半年以上再利用。麦麸或米糠，要求新鲜、无霉变、无生虫现象。糖，白糖、红糖均可。配料时，随水加入干料质量 0.1% 的克霉灵，有利于防止杂菌污染。

【拌料装袋】

（a）拌料　拌料时应充分拌匀，拌后过筛；含水量控制在 50%～55%（以手攥时，指缝微有水印为度）；pH 值 5.5～6 为宜；与装袋、消毒配合好，从拌料至装袋结束不超过 4h，装袋上灶后旺火加温，要求 4h 内达到 100℃。

（b）装袋　塑料袋内袋常用 15cm×（52～55）cm×0.05mm 的聚丙烯袋或低压高密度聚乙烯袋，外袋常用 17cm×（55～60）cm×0.01mm 的低压高密度聚乙烯袋，用装袋机（图 16-9）装袋或手工装袋。

装袋应层层装紧，不留空隙，1 个袋约装 1kg 干料，即 2kg 湿料。装袋后用线扎紧袋口（图 16-10），并用湿布揩净袋表。采用胶布封口的，应在此时用打孔棒（图 16-11）或专用打孔机（图 16-12）打孔，在料袋两边各成直线打 2～3 个孔，孔径 1.5cm，深 2cm。再用 3.5cm×3.5cm 的胶布封口贴牢，或在外面再套一个外袋。

图16-9　机械装袋

图16-10　人工扎口

图16-11　香菇菌棒打孔棒

图16-12　食用菌菌棒打孔机

【消毒灭菌】装袋完毕，抓紧时间进灶灭菌。

（a）可采用常压灭菌灶灭菌（图16-13～图16-15）。

注意：灭菌锅内水不能烧干，应在加水槽内补充开水，防止中途停火降温。出锅用的塑料筐要喷洒1%～2%的来苏尔液或75%的酒精消毒。

（b）也可采用高压蒸汽灭菌锅（图16-16）灭菌，0.11MPa压力维持1.5～2h。达标后待锅仓内的温度降至50～60℃时，将料袋运入无菌室冷却至28℃以下。

图16-13　常压灭菌灶

图16-14　工人在灭菌灶上摆放菌棒

图16-15　密封后用锅炉供蒸汽灭菌

图16-16　高压蒸汽灭菌锅

【接入菌种】

（a）接种室消毒　接种的前1d，将接种室（兼培养室）空房消毒，可喷5%石炭酸或0.25%新洁尔灭。

把经过蒸汽消毒后冷却的袋料运进接种室后，连同原种、接种工具等，在接种室用 30W 紫外线灯照射（图 16-17）或气雾消毒剂消毒杀菌，禁用甲醛熏蒸消毒。

图16-17　紫外线灯

把刚出锅的热塑料袋运到消过毒的冷却室或接种室内冷却，待料温降到 30℃以下时才能接种。

（b）接种　接种人员洗净手脚，更衣换鞋，进入接种室（帐）（图 16-18、图 16-19）后，互相配合，流水作业，打孔、接种、堆码依次进行。

图16-18　香菇栽培所用接种箱

图16-19　用于开放式接种的接种帐

如果是贴胶布的还要撕、贴胶布。不贴胶布的，更要注意使接入的菌种块与接种口平齐或略突出袋面。

选用菌龄 30～45d 的菌种，先将瓶（袋）外壁和瓶口用消毒剂（75% 酒精、0.1% 高锰酸钾、5%～10% 来苏尔任选一种）擦拭掉尘土并消毒，按无菌操作要求接种。

一般一瓶 750g 的菌种，可接 20 袋左右。

（c）堆码　接种后，轻拿轻放，就地堆码，或搬入阴凉、通风干燥、清洁的专用培菌室内，四筒并排，上下层横竖交叉成井字形（图 16-20）。

图16-20　接种后的菌棒移入培菌室堆码发菌

注意：袋料平放，接种口朝侧面，以防叠压。

可以重叠 10～15 层，达 1～1.2m 高。每一堆可放 40～60 个菌袋，每平方米可放 4 堆。

【菌丝培养】

（a）管理指标　温度：宜保持菇房内温度在 18～26℃，控制袋内料温低于 30℃，料温超过 30℃ 时，应采取疏散、通风等措施降温。

空气相对湿度：保持培养场所干燥，空气相对湿度控制在60%～70%。

通风：培养室要定时通风换气，保持室内空气新鲜，菌袋采用定期刺孔增氧（图16-21）。

光照强度：除检查和翻堆操作外，保持室内黑暗或暗光。

（b）管理要点　在接种室就地培养菌丝，或在专用培菌室培养菌丝，堆码后5～7d之内不可移动菌袋，只每天通气1～2次，每次15～20min。

5d后，勤查袋温，尤其注意堆中心的温度，超过40℃菌丝很快死亡。应在超过30℃时即翻堆（图16-22）散温，翻堆要求上下对调。

图16-21　香菇菌棒打孔增氧机

图16-22　工人对香菇菌棒进行翻堆散热

高温季节6～7d翻堆一次，低温季节14d翻堆一次。

定植刺孔补氧。当菌丝圈长至直径6cm左右时，结合翻堆在接种孔四周刺孔，一般孔深1～1.5cm；当菌丝布满全袋后，每袋纵向刺孔4排，每排10～20孔。如果贴胶布封口的，接种10～15d后，揭开胶布一角以进空气，菌丝长满半袋时去掉胶布，以利于菌丝生长。

从接种开始经过50～60d，菌丝长满袋（图16-23），再过10～15d，菌丝吃透料，袋壁出现波浪状突起的原基，说明菌筒已成熟（图16-24），可以转入室外菇棚脱袋排场。

图16-23　菌棒长满白色的菌丝表明发菌结束

图16-24　菌棒已现波浪状原基

【室外出菇场的设置】

（a）菇场选择　出菇场应选择坐北朝南、背风向阳的地段，应清洁、排水方便、接近水源。

可利用房前屋后空地或早稻田为室外菇场。旱地要预先进行消毒，杀死各种杂菌和害虫；稻田要提前排水烤田，清除稻桩和杂菌。

灭虫可使用的农药和使用浓度：90%敌百虫晶体800倍液，或2.5%溴氰菊酯乳油1500～2500倍液，或20%氰戊菊酯乳油2000～4000倍液等，喷雾，施药后密闭48～72h。

新菇房使用前1～3d地面撒一薄层石灰粉进行场所消毒；老菇房用硫黄熏蒸或使用气雾消毒盒进行消毒。

需要灌水增湿的场所要先灌水，后行灭虫和消毒处理。

（b）菇场设置　一般1个阴棚（菇场）不超过1亩。阴棚高2.5～3m，棚架力求牢固，上盖茅草或塑料遮阳网（图16-25）。

（c）菇场规格　畦式菇场设于上述阴棚内，长度依阴棚地形而定，畦宽1.2～1.4m。

图16-25　香菇大棚遮阳网覆盖栽培

畦面平整或略呈龟背状，上设梯形菌袋（菌筒）架，或沿畦面纵向拉铁丝，铁丝间距20cm，离畦面25cm，中间适当支撑，以保证承重后仍与畦面平行（图16-26）。

畦间预留40cm宽人行通道，菇场四周开沟排水。

一般每亩菇场可排放香菇菌筒1万个左右。

【转棚脱袋】菌筒发好成熟后，及时转入菇棚（图16-27）。

图16-26　铁丝菌棒架

图16-27　香菇菌棒摆放示意图

选阴天脱袋，用锋利的小刀或双面刀片将菌袋纵向划开数刀，剥去料袋，将菌筒成70°～80°夹角斜立排放在菇厢架上。每排可放8～10个菌筒，筒与筒之间相距5～6cm。

每畦或每棚排满后，要立即在畦面覆盖薄膜或盖大棚。

脱袋时的气温要在15～25℃，最好是20℃。

【菌丝转色】菌筒脱袋后覆盖塑料薄膜，3~5d不必掀动（但气温在25℃以上例外），使菌筒表面长出一层浓白的（气生）绒毛菌丝。

而后增加翻动薄膜的次数，加大通风透光，促使绒毛菌丝倒伏，形成菌膜，并产生色素，菌膜逐渐转为棕褐色（图16-28）。如条件适宜，转色需12~15d；若气温低，则向后拖延3~5d。

也有采用带袋转色法（图16-29、图16-30）的，即将全部完成发菌的白色菌袋依"井"字形码放，并覆盖薄膜、草苫等，使其升温的同时，通过调节草苫和薄膜的覆盖以及夜间的揭盖，促使其尽快转色。转色过程中及时扎孔排出袋内的黄水。床架栽培多采用此法转色，出菇时须割膜（图16-31）。

图16-28　香菇菌棒上的棕褐色菌膜　　　图16-29　带筒转色近景　　　图16-30　带筒转色

【出菇管理】菌筒脱袋后经过15~20d，完成转色，进入出菇期。管理的要点是保湿保温，拉大温差、湿差，注意通风透光。

图16-31　菌膜划膜去膜

香菇是变温结实性菇类，原基形成需要有10℃左右的温差。晚上12点以后掀开薄膜，让冷空气侵袭，使昼夜温差达10℃以上。经过4~5d，子实体原基迅速形成。有些菌棒采取常规催蕾方法不能出菇或转潮，可采取机械振动或电击刺激协助催蕾。对于转色较深或翻动次数过多，形成硬、厚菌皮的菌棒，可通过增加菇棚内湿度和提高温度，软化菌皮，促进催蕾。

（a）温度　根据季节自然气候和栽培品种的不同，可通过草帘（苫）、遮阳网、塑料薄膜的使用和灌水喷水的实施，调节菇房温度（图16-32）。

白天应控制温度在12~20℃。如果温度过高（超过30℃），就要揭膜降温（可揭两头）。而遇低温严寒，则停止喷水，只在中午通风。

图16-32　香菇出菇期保持适宜的温湿度

（b）湿度　料含水量应保持在55%～70%，空气相对湿度控制在80%～95%。

第一、二潮菇期间以喷水方式为主保湿，幼菇长到2cm大，开始喷水，要做到勤喷、轻喷雾状水，出菇一、二潮后，浸水、注水（图16-33）与喷水保湿相结合。

（c）通风　勤通风换气，直至菇体成熟，一般应控制二氧化碳浓度在0.1%以下。

（d）光照强度　给予一定的散射光，冬季的阴棚要七阳三阴，春天要三阳七阴，调节光线和床温，使光照强度在200～600lx。

【采收】

（a）7d左右，子实体七八成熟，菌盖未完全张开，但已现白绒边，菌褶伸直，是采收的最佳时期（图16-34）。采菇前12h停止喷水。采收时戴手套，一手压住菌柄基部的菌棒处，一手捏住菇柄基部，先左右旋转摇动，再向上轻轻拔起（图16-35）。

图16-33　给香菇菌棒注水

图16-34　适宜采收的香菇

采收后，要在菇场及时修整，清理菇根、死菇等残留物，然后分级和包装。

（b）出口保鲜香菇要求　为保持自然形态和田园风味，应做到"采收不损伤，修蒂不受热，集装不褶变，起运不超温"。

【适时浸水】

（a）浸水时期　采菇以后，通风0.5～1d。再盖薄膜，停止喷水，每天可通风1～2次。经过7d左右，采菇的痕迹已变白，周围出现褐边，菌筒的质量已减轻30%，方可浸水。

图16-35　采收香菇

（b）浸水方法　浸水时，可先用8号铁丝在菌筒两端各打一个6～8cm深的洞，再把菌筒整齐放入浸水池中，上边压些重物，然后灌进低温的清水（可用井水）。冬天浸6～8h，春天浸8～12h，待菌筒恢复原质量（2kg左右），及时取出排场，盖膜催菇。

（c）营养补充　春天气温逐渐升高，甚至超过30℃，要采取降温措施，春菇发生旺盛，菌筒营养消耗较大，浸水时可加0.1%的过磷酸钙和尿素。

管理上要注意防高温，多通风，发现杂菌要及时剔除。

参考文献

[1] 韦武青. 夏秋小白菜安全优质生产技术规范. 蔬菜，2016, 2: 51-52.

[2] 滕彬，陈春梅，李健萍. "兴蔬春秀"苦瓜套种白菜大棚秋延后高效栽培技术. 蔬菜，2016, 2: 60-63.

[3] 金伟. 棉隆防治蔬菜土传病害. 蔬菜，2015, 3: 75-76.

[4] 邓世辉，李洁. 长沙地区茄子春提早丰产栽培技术. 长江蔬菜，2019, 3: 19-21.